力学的力量和使命

——兼作技术科学类专业理想教育简明教材

崔京浩 编著

中国建筑工业出版社

图书在版编目(CIP)数据

力学的力量和使命——兼作技术科学类专业理想教育简明教材/崔京浩编著. —北京：中国建筑工业出版社，2011.4
ISBN 978-7-112-13070-2

Ⅰ.①力… Ⅱ.①崔… Ⅲ.①力学-普及读物
Ⅳ. ①03-49

中国版本图书馆CIP数据核字(2011)第049944号

本书介绍力学在基础学科和工程技术发展中的重大作用，内容包括力学引领物理学和基础学科的发展；力学在中国及其与国民经济关系；中华民族的伟大复兴离不开力学；力学是保持二次反击力量的重要学科；结论；附录（宇宙、银河系、恒星、太阳系、地球；粒子、电子、等离子；引力、场、引力场及黑洞；绝对时空观的否定；原子、原子核、核裂变、核聚变、核电站）。

* * *

责任编辑：常燕

力学的力量和使命
——兼作技术科学类专业理想教育简明教材
崔京浩 编著
*
中国建筑工业出版社出版、发行（北京西郊百万庄）
各地新华书店、建筑书店经销
北京方舟正佳图文设计有限公司制版
北京京丰印刷厂印刷
*
开本：787×1092毫米 1/16 印张：7⅜ 字数：179千字
2011年9月第一版 2011年9月第一次印刷
定价：26.00元
ISBN 978-7-112-13070-2
(20480)

序

清华大学土木工程系崔京浩教授编著的《力学的力量和使命》，较全面地讨论了力学在物理学和基础学科发展中的引领作用、力学在我国的发展及其与国民经济的关系、力学在中华民族伟大复兴进程中的支撑作用、力学是保持二次反击力量的重要学科，在这些方面均做了详尽地阐述。

崔京浩先生于1964年清华大学结构力学专业研究生毕业获副博士学位，毕业后留校任教。曾任清华土木系副主任、学术委员会副主任以及中国力学学会理事、中国消防协会常务理事、《工程力学》主编等社会兼职。崔先生长期从事结构力学、岩土力学、地下工程、防灾减灾等方面的教学和科研工作，承担多项国家科委和国家自然科学基金委重点科研项目，取得了丰硕的科研成果。

作为清华大学土木工程系的学术前辈，崔先生学术功底尤其是力学功底深厚，专业知识宽广，学术视野开阔，学术思想活跃，工程意识强劲，长期致力于力学与工程的完美结合并取得了显著的成果。早在20世纪70年代初我国第一个水封油库开始设计时，崔先生就用当时尚采用黑色纸带穿孔的较原始的方法对该库进行了围岩应力有限元分析，为油库的设计提供了重要依据。改革开放后又以挪威皇家科学院博士后的身份赴挪威参加一个大型海底气库的力学分析。他还从事过骨骼生物力学的研究并多次应邀为卫生部举办的骨科学术进修班讲学。他的广泛的研究成果在他发表的200多篇学术论文和出版的著作中得到了充分体现。

技术学科是一个很大的门类，除力学外还有土木、机械、电力、航空航天、船舶、车辆等。力学在技术学科中起主导作用早已是人们的共识，现代快速发展中的大型复杂工程结构对力学分析计算的依赖程度也越来越高。而崔先生在具体分析计算的同时又十分强调技术工作者要在宏观上把握基本力学概念，用行业术语表述就是设计方案阶段要对整体结构进行全面认真地力学定性分析。以土木工程为例，宏观力学概念的正确应用将直接影响结构的安全性、适用性、经济性、耐久性以及结构的全寿命。

该书从章节的编排到内容的组织和论述以及工程实例的列举都思路清晰，旁征博引，资料翔实，深入浅出，还有一个内容丰富而新颖的附录，有利于扩大读者的知识面及对近代物理（力）学的了解。全书具有较强的启发性、可读性和可参考性。该书的出版，不仅会激发读者对力学的爱好和兴趣，而且会增强读者正确灵活运用力学原理解决工程技术问题的自觉性，使人们进一步感觉到力学在科学技术发展和国民经济建设中的重大作用，对认识力学、理解力学、运用力学以及在力学与工程技术的完美结合等方面会有所裨益。

该书不仅可作为技术科学类专业理想教育的教材，而且也是一本了解力学和技术学科良好的科普读物。

清华大学土木工程系学术委员会

前 言

力学是无时无处不在的，一个人从呱呱坠地的那一刻就开始承受地球引力和大气压力且终生都离不开它，离开它甚至会有生命危险。

力学与人类生产乃至生活密不可分，从原始人的筑巢穴居、钻木取火、狩猎抛掷石块的抛物线运动以及工具的发明与运用无一不与力学有关，从这些远古的力学行为可以看出力学对促进人类的成长与进步起着巨大的推动作用，可以毫不夸张地说力学是人类认识世界和改造世界发展最早的一个物理学分支。

随着社会的发展与进步，蒸汽机的发明开启了人们对力学认识上和实践上的深化，一个崭新的工业化与科技进步的时代开始了。受磁铁在磁场中的力学运动产生电磁效应的启迪导致了电的发明，如果说转子在围绕定子旋转这个力学行为就能发电称之为发电机，那么电动机就是这个力学行为的逆运动。

19 世纪经典（牛顿）力学在物理学中率先成熟和完善，它几乎可以解释所有宏观（相对于粒子）和低速（相对于光速）的物理现象，经典力学进入了它的全盛时代，然而随着人们对宇宙认识上的深化，特别是电磁现象以及基本粒子裂变，接近光速的高速运动，使经典力学陷入了困惑，于是一门崭新的物理（力）学——相对论诞生了，它不仅是科技发展的巨大成果，也是人们思维和认识论上的巨大进步，爱因斯坦在创立相对论之后曾说“世界上可能只有 12 个人能够读懂相对论，但世界上却有几十亿人借此明白没有什么是绝对的”。

中国 20 世纪 50 年代在钱学森的倡导下把力学归入技术科学的范畴，至今我国的学科划分技术科学中包括：力学、土木、机械、发电、信息等众多的一级学科，其中力学居技术科学之首，这种划分促进了力学对工程技术的指导和主导作用。在刚刚获得解放百业待举、百废待兴的形势下我们能独立自主地较好地实现了“两弹一星”的创举很可能与这种高度重视力学有关。

力学是促进国民经济发展的一门重要且专业覆盖面极广的一级学科，不辱使命，改革开放后充分展示了它的力量，我们可以毫不夸张地说：

- 中华民族的伟大复兴离不开力学
- 中国工业化进程中所有与工程技术有关的建设和发展离不开力学
- 国家的强大和民族的富足离不开力学

力学的力量是强大的，它承载着厚重的使命。

崔京浩

于北京清华园

目 录

1 力学引领物理学和基础学科的发展[1 ~ 10]

1.1 经典力学的强势和早熟[1 ~ 2]

1.1.1 经典力学的发展简史

经典力学又称牛顿力学，是物理学中发展最早的一个分支，它以牛顿三大运动定律为基础，研究宏观世界和低速状态下物体机械运动规律的科学。这里“宏观”是相对于原子微观粒子而言，“低速”是相对于光速而言的。

机械运动是物质运动最基本的形式。机械运动亦即力学运动，是物质在时间空间中的位置变化，包括移动、转动、流动、变形、振动、波动、扩散等，而平衡或静止则是其中的特殊情况。物质运动还有一些其他运动形式，如热运动、电磁运动、原子及其内部的运动以及化学运动等。

力是物质间的一种相互作用，机械运动静止或运动状态的变化是由这种相互作用引起的。静止和运动状态不变，则意味着各作用力在某种意义上的平衡，因此力学又常被说成是力和运动的科学。

古代人们在生产劳动中就应用了杠杆、螺旋、滑轮、斜面等简单机械，从而促进了静力学的发展。

古希腊，就已形成比重和重心的概念，进而总结出杠杆原理。阿基米德(约公元前287−212)的浮力原理提出于公元前200多年。这些知识尚属力学科学的萌芽，但在力学发展史中占有重要的地位。

16世纪以后，由于航海、战争和工业生产的需要，力学的研究得到了真正的发展。钟表工业促进了匀速运动的理论，水磨机械促进了摩擦和齿轮传动的研究，火炮的运用推动了抛射体的研究。天体运行的观测提供了力学运动最单纯、最直接、最精确的数据资料，使得人们有可能排除空气阻力的干扰得到规律运动的认识。天文学的发展为力学找到了一个最理想的“实验室”——天体。

16世纪，资本主义生产方式开始兴起，海外贸易和对外扩张刺激了航海的发展，引发了对天体进行系统观测的迫切要求。第谷(1546−1601)顺应了这一要求，以毕生精力收集了大量观测数据，为克卜勒(1571−1630)的研究作了准备。克卜勒于1609年和1619年先后提出了行星运动的三条规律，即克卜勒三大行星运动定律。

与此同时，以伽利略(1564−1642)为代表的物理学家对力学开展了广泛研究，得到了自由落体定律。伽利略的两部著作《关于托勒密和哥白尼两大世界体系的对话》(1632)

和《关于力学和运动两种新科学的对话》（1638）（简称《两种新科学的对话》）为力学的发展奠定了思想基础。

随后，牛顿 (1642−1727) 把天体的运动规律和地面上的实验研究成果加以综合，建立了牛顿三大运动定律和万有引力定律，形成比较完整的经典力学体系。以后经过伯努利 (1700−1782)、拉格朗日 (1736−1813)、达朗贝尔 (1717−1783) 等人的推广和完善，取得了广泛的应用并发展出了流体力学、弹性力学和分析力学等分支。

到了 18 世纪，经典力学已经相当成熟，成了自然科学特别是物理学的主导和领先学科。

1.1.2 经典力学的主要成就

经典力学的主要成就也就是牛顿运动定律和万有引力定律。

1. 牛顿第一定律

（1）**内容** 物体将保持静止或作匀速直线运动，直到其他物体对它的作用力迫使其改变这种状态为止。牛顿第一定律阐明了物体运动的如下本质规律。

（2）**物体运动的惯性** 由牛顿第一定律可知物体之所以静止或作匀速直线运动是由于物体的本性造成的。这种本性叫做物体运动的惯性。

（3）惯性的大小可以用“质量”来表示，因而质量也称为物体的惯性质量。在国际单位制中，质量的单位是千克 (kg)。物体质量越大，保持原有运动状态的本领越强。

(4) 牛顿第一定律阐明了力是改变运动状态的原因，而不是维持物体运动状态的因素，这是牛顿的一个重大发现。在牛顿之前人们一直认为力是起维持物体运动状态的作用。

2. 牛顿第二定律

（1）**内容** 物体在外力作用下将产生加速度，加速度的大小与合外力的大小成正比，与物体自身的质量成反比，加速度的方向在合外力的方向上。

（2）第二定律是第一定律在逻辑上的延伸，它进一步定量阐明了物体受到外力作用时运动状态是如何变化的 (使物体产生一个加速度)。牛顿第二定律的数学表达式为：

$$F = ma$$

在国际单位制下，力是以牛 (N) 为单位，加速度以“m/s^2”为单位，质量以“kg”为单位。

上式叫做牛顿运动方程。在牛顿定律的应用中特别要注意的是第二定律中的 F 是物体所受的合力。

（3）**加速度与力的对应性** 在某些情况下，物体所受的力为恒力，物体具有的加速度为匀加速度，例如自由落体运动，这时力与加速度都不随时间 t 变化。但是更普遍的情况表现为物体所受的力为变力，力的大小方向都可能发生变化，相应物体的加速度也是变化的，这时物体的加速度与力在时间上应表现为一一对应的关系。

（4）加速度是描述速度快慢和方向的物理量。速度的变化与这一变化所用时间的比值称为这段时间的“平均加速度”，如果这一时间极短（趋于零），这一比值的极限称为物体在该时刻的加速度或“瞬时加速度”。加速度是矢量，它的方向就是速度变化的极限方向，由于加速度是矢量，牛顿第二定律的运动方程是一个矢量方程。

3. 牛顿第三定律

（1）**内容** 物体之间的作用力与反作用力大小相等，方向相反，作用在不同的物体上。

牛顿第三定律在逻辑上是牛顿第一、第二定律的延伸。在第一、第二定律中都使用了力的概念，但什么是力，力有什么特点都没有具体介绍。牛顿第三定律就是来补充力的特点和规律的定律。

（2）**特点** 根据牛顿第三定律，我们可以将力定义为：力就是物体间的相互作用。这种相互作用分别叫做作用力与反作用力。从牛顿第三定律我们知道作用力与反作用力之间有如下的特点：

① 作用力与反作用力大小相等，方向相反。力线是在同一直线上的。

② 作用力与反作用力不能抵消，因为它们是作用在不同物体上的。

③ 作用力与反作用力是同时出现同时消失的；作用力与反作用力的类型也是相同的，如果作用力是万有引力，则反作用力也是万有引力。

4. 牛顿万有引力定律

物体间由于质量而引起的相互吸引力，这种力存在于地球万物之间。地面上的物体所受到的地球对它的吸引力就是万有引力。牛顿在开普勒定律和自由落体定律的基础上首先肯定了这样一种吸引力的存在，并确定了质量分别为 m_1 和 m_2 相距为 r 的两质点间引力的大小为：

$$F = Gm_1m_2 / r^2$$

其中 $G = \dfrac{6.67259 \times 10^{-11}\,\mathrm{m}^3}{\mathrm{kg} \cdot \mathrm{s}^2}$，称之为引力常数。地面上两物体间的万有引力一般很小，但对质量大的天体这个力就很大。例如地球和太阳之间的引力大约为 3.56×10^{22} N，这样大的力如果作用在直径 9000m 的钢柱两端，可以把钢柱拉断。

万有引力定律的发现奠定了天体力学的基础，揭示了天体运行的基本规律，从而解释了极多的地面现象和天体现象，例如哈雷慧星，地球的扁形，……，为 20 世纪开创的航天科学和航天事业奠定了基础(详见附录 1)。

5. 归纳

力学或“牛顿力学”，是研究通常尺寸的物体在受力情况下的形变以及速度远低于光速的运动过程的物理学分支。力学是物理学、天文学以及许多工程科学的基础。机械、建筑结构、航天器和船舰等设计都必须以经典力学为基本依据。力学知识最早起源于对自然现象的观察和生产劳动中的经验。牛顿运动定律的建立标志着力学开始成为一门科学。力学可粗分为静力学、运动学和动力学三部分，静力学研究力或物体的静止问题，运动学只考虑物体怎样运动，动力学讨论物体运动和所受力的关系。

1.1.3 经典力学适用的范围及其局限性

1. 牛顿运动定律适用于质点

牛顿运动定律中的“物体”是指质点，或者说它只有针对质点才成立。如果一个物体的大小形状在讨论问题时不能够忽略不计，可以将该物体处理为由许许多多质点构成的质点系统(简称为“质点系”)。且质点系中每一个质点的运动规律都应当遵从牛顿运动定律。

2. 牛顿力学适用于宏观物体的低速运动情况

在牛顿于 1687 年提出著名的牛顿三大定律之前，人们对物质及其运动的认识还仅仅局限于宏观物体的低速运动。低速运动是指物体的运动速度远远小于光在真空中的传播速度。牛顿力学在宏观物体低速运动的范围内描述物体的运动规律是极为成功的。但是到了 19 世纪末期，随着物理学在理论上和实验技术上的不断发展，人类观察的领域不断扩大，实验中相继观察到了微观领域和高速运动领域中的许多现象，例如电子、放射性射线等等(详见附录 2)。人们发现用牛顿力学解释这些现象是不成功的。直到 20 世纪初，相对论和量子力学诞生，它们才得到了合理的解释。

3. 只适用于伽利略相对性原理及伽利略坐标变换

伽利略在对时间作进一步考察后，提出了相对性原理，即一个相对于惯性系作匀速直线运动的系统其内部所发生的一切力学过程都不受系统作为整体的匀速直线运动的影响。设两个惯性参照系 S 与 S'，令 S' 沿 x 轴方向以速度 v 作匀速直线运动，则两参照系中的坐标变换为：

$$
\begin{cases}
x' = x - vt \\
y' = y \\
z' = z \\
t' = t
\end{cases}
\tag{1}
$$

这就是所谓的伽利略坐标变换。从上述变换式中可知，在作相对运动的不同的坐标系中测定的时间是相同的，即 $t' = t$。因此在伽利略看来时间是绝对的、普适的。由 $x' = x - vt$ 式中包含了空间不变性，认为在两个惯性系中测量同一尺度或物体的长度是相同的，即绝对空间的观点。

4. 错误的绝对时空观

时间和空间是物质固有的存在形式。时间是物质运动的延续性、间断性和顺序性，其特点是一维性即不可逆性；空间是物质的广延性和伸张性，是一切物质系统中各个要素共存和相互作用的标志。时间、空间与运动着的物质不可分离。

绝对时空的概念早于牛顿之前伽利略就作了阐述，后来在牛顿力学理论框架中，牛顿以注释的方式阐明了他对时间、空间和运动的观点：

时间——“绝对的、真正的和数学的时间自身在流逝着，而且由于其本性均匀地与任何其他外界事物无关地流逝着。它又可称为“期间”，是时间相对的表观的可感觉的外部的变化着的量度，人们通常使用这种量度如小时、日、月、年来表示真正的时间。”

空间——“绝对空间，就其本性而言，它与外界任何事物无关而永远是相同的和不动的。相对空间是绝对空间的某一可动部分或其量度，它通过对其他物体的位置的存在而为我们的感觉所指示出来并且把它们当做不动空间。”

运动——“绝对运动是一个物体从某一绝对的处所向另一绝对处所的移动。”

牛顿的绝对时空观以及绝对运动观与他所处的时代及科学发展水平是联系在一起的，他不可能做到爱因斯坦后来发现的弯曲空间和相对时间的更进步的物理认识（详见附录 4）。

1.2 经典力学的飞跃——相对论的诞生 [1 ~ 6]

相对论是现代物理学的基础之一，是关于物质运动与时间空间关系的理论，它由爱因斯坦 (Albert Einstein 1879−1955) 于 20 世纪初在总结实验事实的基础上建立和发展起来。在此以前，人们根据经典时空观解释光的传播等问题时发生了一系列尖锐的矛盾，相对论根据这些问题，建立了物理学中新的时空观和调整物体的运动规律，对物理学的发展具有重大作用。相对论分为两个部分：狭义相对论和广义相对论。

1.2.1 相对性原理

1. 相对性原理源于生活

伽利略最早提出了“惯性定律”，认为一个物体具有某一速度只要没有加速或减速的原因这个速度将保持不变。还是最早提出了“相对性原理”的人，他形象地表述：把你和你的朋友关在一条大船甲板下面的大房间里，同时随身带上一些苍蝇、蝴蝶和其他小飞虫。再找一个大桶，装满水，在里边放几条鱼。找一个盛了水的瓶子挂起来，让它把水一滴一滴地滴进下面的一个细颈瓶里。船静止不动的时候，你可以观察到这些小飞虫以相同的速度飞往房内各个方向，鱼正常游动，水也准确地滴落进下面的瓶子里。你把任何东西扔给你的朋友，只要距离相等，朝不同方向扔出所需的力量均相等。你立定跳远，无论跳往哪个方向，距离都是一样。当你仔细观察了上述现象之后，你将船开动但要保持匀速直线运动，这时你再观察上述各种现象你会发现它们没有任何变化，你也不能通过它们中的任何一个现象来确定船是运动的还是停止不动的。伽利略用这个实际生活中的事例生动地说明了运动的相对性原理，船在匀速直线运动时仓内的上述各种现象与船静止时完全一样，这就是为什么匀速直线运动是一种相对静止的状态。设想如果把平静的海面当做一个参照系，船和仓内的生物和物体一起跟随船体都在做着同一个匀速直线运动，也就是说都处于一个相对静止的状态，在这个相对静止的框架（参照系）内，所有仓内的运动现象应该与船体静止时完全一样。思考这个问题的焦点是要牢记仓体内的所有物体包括生物都与船体一样获得了同一个匀速直线运动，它们被封闭在一个相对静止的“笼子”里，物体和生物的任何再运动都是在这个相对静止的状态下发生和表现的。

近代宇航技术，当航天器进入运动轨道后（注意一定要在进入运行轨道之后）航天员可以出仓活动而不会被仓体甩在后面，其道理也是相对性原理。在轨道运行的过程，仓体和航天员都在同一个匀速“直线”运动的状态下（“直线”加了引号是因为运行轨迹是一个直径很大的接近圆形的曲线，但在每一个瞬时运行曲率都不大，可以视为直线），两者是相对静止的，如果把仓体视为一个参考系那么航天员在仓体内的一切活动和在一个静止的仓体内毫无二致。出仓的技术关键不在被甩下而在航天员离开仓体就失去了仓体内人类赖以生存的保障，如大气压、温度等指标，这些问题就靠航天服的设计来解决了。再如你在匀速行驶的火车上，车厢内的苍蝇和杯中不慎滴落的水，并没有出现有的人想象的苍蝇会撞向车厢后壁或滴水会落在火车前进方向的后边一点，因为乘客、苍蝇、瓶子和瓶子内的水都和车厢一样作着同一个匀速运动，它们在一个相对静止的匀速运动的惯性系之内，就象我们每一个地球上的人和物时刻都同地球一样作着“公转”和“自转”，而不自觉罢了。任何一个生物从他的祖先到他降生以后，都和地球上的一切物质一样在宇宙内这个“永恒”的惯性系内运动着，这里“永恒”加了引号是我们不知道什么时候开始的又会在什么时候发生天体的大变动。

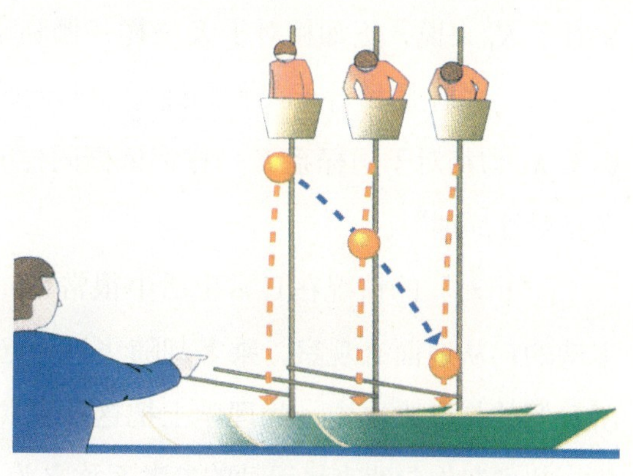

图 1 相对论原理的论证示意图

什么是参考系呢？参考系又称坐标系。举例来说，一辆匀速行驶的车厢内，一乘客站在车厢窗口松手丢下而非用力投掷一块石头到路基上，如果撇开空气阻力影响不谈，车厢窗口的乘客看见石头沿直线落下，而人行道上的行人则看到石头沿抛物线落下。现在有一问题，从车厢丢下的作匀速运动的石子所经过的各个“位置”是“的确”在一条直线上，还是在一条抛物线上呢？如果引入“坐标系”来代替“参考物体”，对石块位置的描述我们就可以说：石块相对于与车厢连接在一起的坐标系走过的是一条直线，但相对于与路基连接在一起的坐标系是一条抛物线。借助此例，我们清楚地知道客观独立的轨迹不会存在，存在的是相对于特定参考物体的运动轨迹。可见没有绝对的运动轨迹只有相对于参考系的运动轨迹。

如图 1 所示从行进中的帆船桅杆顶落下一石头，石头会垂直地掉到桅杆底部，还是会往后掉？一般人不经思索就会回答往后掉。事实上，根据相对性原理，不论帆船是在行进中还是停泊在岸边，实验的结果石头都会掉在桅杆底部。尽管有人会想当然地认为帆船在行进过程中，石头会沿抛物线运动往后掉，但实际结果两个观察者都看到了石头确实是掉在桅杆底部的。原因是两个观察者所用的参考系都是行进中的船体，如果参考系是岸边静止的物体如树木或一幢建筑那么石头的运行轨迹就是抛物线了。这又一次说明了同样一个物理现象不同的参考系其运动轨迹是不一样的，一切都是“相对”于参考系而言的。

爱因斯坦常用车厢和路基来阐述相对性原理，一辆匀速行驶中的火车车厢，该车厢是一种均衡平移运动(“均衡”是因为速度和方向是恒定的、“平移”是因为虽然车厢相对于路基不断改变位置，但在这样的运动中没有转动)。我们可以用抽象的方式表述说：如果一个质量 M 相对于一坐标系 K 作匀速直线运动，只要第二个坐标系 K_1 相对于 K 是在作匀速平移运动，则该质量相对于第二个坐标系 K_1 亦作匀速直线运动。因此，若 K 为一伽利略坐标系，则对每一相对于 K 作匀速平移运动的坐标系 K_1 亦为一伽利略坐标系。

相对于 K_1 来说，正如相对于 K 一样，伽利略—牛顿力学定律均是成立的。于是问题可以表述为："K_1 是相对于 K 作匀速运动而无转动的坐标系，一切自然现象的运行相对于坐标系 K_1 与相对于坐标系 K 一样都依据同样的普遍定律。"这就是"相对论原理"或"狭义相对性原理"。

"相对"的情况在日常生活中很常见。如从飞机内部看机上的乘客，他是坐在那儿不动的；从地面来观察，乘客却随飞机一起飞行。空间是静止的还是运动的，由观察者所参照的标准来决定。物理学上把这种参照标准称作"参考系"，并把相对于观察者是静止的或在作匀速直线运动的参考系称之为"惯性系"。

2. 相对性原理进一步阐述

相对性原理是力学的基本原理。

给定一个运动的物体，为了行文方便权且简称它"运动体"，它相对于一些物体运动，标出这些物体并用数列对应这些距离，于是这些物体就成为参照物，而给定的运动体到这些物体的距离的全体就成为参照空间。对应于距离的所有数就组成为一个有序系统。这个有序系统就是同参照物联系在一起的坐标系。在此，所谓相对性原理，就是从一个坐标系转换到另一个坐标系的可能性及其表述物理定律的平等性以及给出坐标变换时刚体内部的特性与其各质点的距离及其结构的不变性。

力学的全部发展过程一直同参照系统变更时扩大物理客体不变性概念的范围联系在一起。在 17 世纪人们已经判明物体的结构与坐标系的选择无关，同时也明确了从一个坐标系过渡到另一个相对它作匀速直线运动的坐标系时，力和加速度之间关系是不变的，亦称之为是"协变"的。

牛顿根据运动三定律得到的结论包含了相对性原理。但是牛顿力学不能没有绝对运动的概念。

牛顿认为，绝对运动并不是相对于一些个别的物体，而是相对于空间。这种绝对静止的"空"的空间可以看成充满整个宇宙的数目不定的离散存在的物质和"宇宙气"的总代表。所谓物体相对于空间运动，本身就意味着把一个被个体化的物体同一个不可分割的背景加以对照。他认为，加速度就是相对这一没有被明确的背景而言的。然而在每一个具体的动力学的课题中他必须应用和具体的物体联系在一起的某个计算系统。因而在给出动力学课题的范围后，必须把相对静止的物体和与具体物体无关的作为空间出现的被赋予特权的计算系统加以区分。

对物理学而言，力的概念是个必须加以分析的概念。物理学确定了力的数值，在个别情况下，当质点无摩擦地运动时，力可以是坐标的函数。这种函数的形式应由引力论、弹性理论、电动力学理论中对引力、弹性力、电力、磁力的研究给出，并且这种研究与力学不同，完全按另一种方式进行，这些力已不再是终极概念。

3. 相对性原理的延伸与扩展

爱因斯坦认为对所有自由运动的观察者而言自然定律都是相同的，进一步他说相对性原理是指物理定律在一切参考系中都具有相同的形式。它是物理学最基本的原理之一。爱因斯坦指出，不存在“绝对参考系”。在一个参考系中建立起来的物理规律，通过适当的坐标变换，可以适用于任何参考系。

爱因斯坦使力学的基本原理——相对性原理改变了形式。将相对性原理推广到非力学的过程并且使古典物理获得了最终的形式。为此，古典物理学须放弃不变的空间距离和时间间隔，而代之以不变的四维间隔。这种认识不仅使相对性原理仍旧是统一宏观物理学和力学的普遍原理，而且大大发展了人们对自然的认识。

我们把全部历史的变更都归拢在一起来讨论相对性原理或者说讨论适用于伽利略－牛顿的古典原理和爱因斯坦的狭义、广义相对论的普遍的相对性概念：伽利略－牛顿原理适用于缓慢的惯性运动；狭义相对论适用于可以和电磁振荡传播的速度相比拟的惯性运动；广义相对论适用于引力场中质点或质点系的加速运动。上述情况中，坐标以这样或那样的方式随时间而变化即某时刻定域于空间中的物理客体在保持自身不变的同时从空间的一个点转移到另一个点，这个客体能够以任意速度（古典的相对性原理）或以被某个恒定的（狭义相对论）或以引力场所决定的（时空弯曲、广义相对论）速度通过这些处所。无论取哪一种观念，只要指明自身同一客体相对它做运动的那个物体，则自身同一客体运动的概念就是有意义的。至于这个论题适用哪种坐标，如果是经典力学问题则使用前述的式 (1) 表述的伽利略坐标变换，如果是电动力学问题则使用 1.2.2 节中的洛伦兹变换，见式 (6)。

1.2.2 狭义相对论

1. 经典力学碰到了困难

到 19 世纪末，经典力学已相当完善，但涉及高速运动的物理现象显示了与经典理论的冲突，而且整个经典物理理论显得很不和谐：① 电磁理论按照经典的伽利略变换不满足相对性原理，一定要有一个绝对静止的参考系，而探测绝对静止的参考系的种种努力均告失败；② 似乎存在着经典力学无法说明的极限速度；③ 电子的质量依赖于它的速度而不是经典力学中所认为的物质的质量是恒定的与运动无关的。于是传统的相对性原理在这里失效了，然而对相对性原理的正确性一开始就有强有力的论据来支持这个普遍事实。在那个年代物理学的发展有一个人们必须承认的事实，包括早期的爱因斯坦本人都自觉不自觉地认为经典力学在相当大的程度上是“真理”。因为在对天体的实际运动的描述中，经典力学所达到的精确度简直令人惊奇。因此，一旦在力学领域中应用相对性原理，必然将会达到很高的准确度。一个在物理领域（力学）内具有广泛的普遍性和极高准确度的相对性原理居然在另一领域中无效，从推理的观点来看是不大可能的。

2. 狭义相对论应运而生

在这种形势下，有见地的物理学家预感到物理学中正孕育着一场深刻的革命。在经过短期的困惑之后，爱因斯坦开始醒悟要立足于物理概念以观察到的事实为依据而不能以先验的概念强加于客观事实。他考察了一些普遍的物理事实和经典物理学中如运动、时间、空间等基本概念，得出以下两点具有根本意义的作为建立新理论的基本原理：①无论力学实验还是电磁学实验都无法确定自身惯性系的运动状态。也就是说，在一切惯性系中的物理定律都有相同的形式；② 光速不变原理即真空中的光速对不同惯性系的观察者来说都是 c。承认这两条原理，牛顿的绝对时间、绝对空间观念必须修改，异地同时概念只具有相对意义。在此基础上，爱因斯坦建立了狭义相对论。

1905 年 5 月，爱因斯坦完成了科学史上的不朽篇章《论动体的电动力学》，宣告了狭义相对论的诞生。以光速不变原理和狭义相对性原理作为两条基本公设：一是光速不变原理，即在任何惯性系中，真空中的光速 c 都相同；二是狭义相对性原理，即在任何惯性参考系中，自然规律都相同。这两条原理表面上看是不相容的，但只要放弃绝对时间的概念，那么这种表面上的不相容性就会消除。由此得出时间和空间等物理量从一个惯性系变换到另一个惯性系时，应该满足洛伦兹 (H. A. Lorentz 1853−1928) 变换，而不是伽利略变换，并可由此得出结论：

(1) 两事件发生的先后或是否“同时”，在不同参考系看来是不同的（但因果关系仍然成立）；

(2) 量度物体长度 l 时，将测到运动物体在其运动方向上的长度要比静止时缩短，即：

$$l = l' \sqrt{1 - \frac{v^2}{c^2}} \tag{2}$$

与此相似，量度时间 Δt 进程时，将看到运动的时钟要比静止的时钟慢一些，即：

$$\Delta t = \frac{\Delta t'}{\sqrt{1 - \frac{v^2}{c^2}}} \tag{3}$$

(3) 物体质量 m 随速度 v 的增加而变大，即：

$$m = \frac{m'}{\sqrt{1-\frac{v^2}{c^2}}} \tag{4}$$

(4) 任何物体的速度不能超过光速；

(5) 物体的质量 m 与能量 E 之间的关系满足质能关系：

$$E = mc^2 \tag{5}$$

以上 4 式上标有“′”者均为改变后的量。

这就是狭义相对论的基本表述，它与大量实验事实相符合，但只有在高速运动时效果才显著。在一般情况下，相对论效应极其微小，因此牛顿力学可以认为是相对论力学在低速情况下的近似（详见附录 3、附录 4）。

3. 洛伦兹变换

上面提到了按狭义相对论的观点时间和空间各量从一个惯性系变换到另一个惯性系时应该满足洛伦兹变换而不是伽利略变换。什么是洛伦兹变化呢？

根据相对性原理和光速不变原理，可导出两个惯性系时空坐标之间的洛伦兹变换。当两个惯性系 S 和 S' 相应的笛卡儿坐标轴彼此平行，S' 系相对于 S 系的运动速度 v 仅在 x 轴方向上，且当 $t = t' = 0$ 时，S' 系和 S 系坐标原点重合，则事件在 S 系和 S' 系中时空坐标的洛伦兹变换为：

$$\left.\begin{aligned} & x' = \gamma\ (x - vt)\ \text{（新的 } x' \text{ 与速度 } v \text{ 及 } \gamma \text{ 有关，空间不再是绝对的）} \\ & y' = y \\ & z' = z \\ & t' = \gamma\ (t - vx/c^2)\ \text{（新的 } t' \text{ 与 } v\text{、}\gamma\text{、}c \text{ 有关，时间不再是绝对的）} \end{aligned}\right\} \tag{6}$$

式中 $\gamma = (1 - v^2/c^2)^{-1/2}$，$c$ 为真空中的光速。洛伦兹变换是狭义相对论中最基本的关系，狭义相对论的许多新的效应和结论都可以从洛伦兹变换中直接得出，它表明时间和空间具有不可分割的联系。当速度远小于光速，洛伦兹变换退化为伽利略变换，经典力学是相对论力学的低速近似。

在狭义相对论中，动量守恒、能量守恒定律仍然成立，能量守恒包括了质量守恒，需要注意的是牛顿定律 $F = ma$ 的形式不再成立，在洛伦兹变换下，它的表达成为$F = \frac{\mathrm{d}P}{\mathrm{d}t}$，式中 P 是物体的动量。

4. 狭义相对论小结（参见附录 4）

(1) 狭义相对论的思想可以概括为两个基本原理——相对性原理和光速不变原理。

①相对性原理：所有惯性参考系都是等价的，或者说，物理规律对于所有惯性系都可以表示为相同的形式。

②光速不变原理：真空中光速相对于任何惯性系沿任意方向恒为 c。

(2) 狭义相对论的理论核心用“洛伦兹变换公式”描述和换算。

(3) 狭义相对论有三个效应：运动尺度缩短、运动时钟延缓和同时的相对性。

(4) 狭义相对论还有一些其他的结论：运动质量变大，速度相加定理，质能转换关系，能量－动能关系，作用的信号与最大传播速度因果律等。

(5) 狭义相对论适用于讨论高速（可与光速相比的速度）运动的物体，在低速情况下将回到牛顿的经典力学。有人错误地用经典的伽利略变换讨论高速问题，因而导出了“不同坐标系中有不同物理规律”的谬误。

狭义相对论经受了多方面的实验证实，已成为现代物理学的主要理论基础。它对经典物理和量子理论的进一步发展具有极其重要的作用，尤其是对基本粒子理论的探索和对宇宙奥秘的研究更是不可缺少。

爱因斯坦在写给《泰晤士报》的文章中肯定性地说“狭义相对论是广义相对论的基础，狭义相对论其适用范围是除引力之外的各种物理现象，而广义相对论则提供了引力定律及它和其他自然力的联系”。

1.2.3 广义相对论

广义相对论是爱因斯坦在一种哲学思想指导下对狭义相对论的逻辑推广。

狭义相对论有两点重要成就：① 将力学与电磁学统一起来；② 将时间与空间统一起来，但它无法处理涉及牛顿万有引力的问题，而且简单地认为惯性系比其他参考系更优越，从而造成有的物理定律赖以适应的参考系被冷落搁置的局面。爱因斯坦带着这些问题踏上了建立广义相对论的征途。

1. 等效原理——广义相对论依据之一

(1) 惯性质量和引力质量是等效的

物体保持原来匀速直线运动状态或静止状态的性质称为惯性，这是中学教课书中就明白表述了的。将牛顿第二定律 $F = ma$（a 为受力后的加速度）改写成 $m=\dfrac{F}{a}$ 之后，可以看出物体所受外力和由此得到的加速度之比即为惯性质量，在相等外力的作用下，惯性较大的物体得到的加速度较小，也就是它的惯性质量较大，请注意这时我们已经把常说的“质量”称之为“惯性质量”。按照这个思路推论下去，物体之间的万有引力也有它们的质量决定。质量大的引力就大，地球和太阳是质量巨大的星体，因而其引力是极其巨大的，这种反应引力作用强弱的质量，可以称之为“引力质量”。通常物体所受的重力就是地球与物体间引力作用的反映，这里我们碰到了两个概念相同的质量即“惯性质量”

和“引力质量”，按照上述分析，今天我们可以并不困难的说惯性质量与引力质量是等效的，它所代表的都是物体所受到的力 F 与由此产生的加速度 a 的比值，这个力 F 如果是一般外来施加的力，这个比值常称之为“惯性质量”，如果这个力 F 是引力（包括粒子间的作用力），则这个比值就可称之为“引力质量”。

爱因斯坦曾说过“在引力场中一切物体都具有同一加速度，这个物理规律实际已经阐明了惯性质量和引力质量是等效的”。

(2) 爱因斯坦电梯——等效原理的形象思维

所谓等效原理即认为从时空小范围来看，一个没有引力场的匀加速运动的坐标系同有引力场的惯性系是等价的。也就是说可以在任何一个局部范围内找到一个坐标系，使引力在其中被消除。爱因斯坦曾通过理想电梯实验论证了等效原理的合理性。一个人处于密闭的电梯内，在地球引力场内让电梯处于静止或匀速运动的状态，此时电梯是一个有引力场的惯性系，电梯内的人受到引力作用使他的脚同地板间产生的压力等于他的重量。也可以设想没有地球引力场的存在，使密闭的电梯以与重力加速度数值相等的加速度向上运动，此时电梯是一个没有引力场的非惯性系，电梯内的人在惯性力的作用下他的脚同地板间也将产生一个等于他的重量的压力。处于上述两情况中的人将无法区别电梯到底是处于哪种状态。如果设想电梯绳索断了，电梯在重力场中自由下落，电梯内的人将感觉不到任何引力存在的现象而处于失重状态。也就是说可以通过选择某种坐标系，在局部范围内使引力完全消除。有了等效原理爱因斯坦就可以把相对性原理推广到非惯性系。等效原理是建立广义相对论的关键。他说，“发现等效原理时是他一生中最愉快的时刻”。

2. 爱因斯坦的时空观（参见附录 3、附录 4）

爱因斯坦在等效原理的基础上进一步推断，光线在引力场中传播的路径要发生弯曲。这时他发现，要抛弃传统的牛顿引力理论，他当时所掌握的数学工具还不够用，于是 1912 年回到母校——苏黎世工业大学，在留校任数学教授的同班同学格罗斯帮助下找到了一种适用的数学工具，这就是半个世纪前德国数学家黎曼建立起来的曲面几何——黎曼几何；经过三年的努力，于 1915 年底建立了新的引力理论，得到了广义协变的引力方程。1938 年他又从引力方程导出物体运动方程。

广义相对论认为现实的所有物质存在的空间不是平直的欧几里得空间，而是弯曲的黎曼空间，空间弯曲的程度取决于物质的质量及其分布状况，空间曲率就体现为引力场的强度，引力只不过是空间弯曲的“效应”，这样就取消了牛顿万有引力的假定。从广义相对论的观点看来，地球绕太阳运动是由于太阳的巨大质量使太阳周围的空间发生弯曲，并不是因为存在什么神秘的超距瞬时传播的引力。对弯曲空间怎样理解？由于我们生活在三维空间里，不能跳出三维空间来观察并判断三维空间是平直的还是弯曲的。不过，爱因斯坦曾经指出过，我们可以借助类比来理解弯曲的三维空间。一个生活在二维表面上的二维生物（如臭虫）如何判断它所处在的面是平坦的还是弯曲的呢？一种有效的办法就是让它在面上按三角形爬行，如果它们画出的三角形三内角和是 180°，那么，它们所处在的面就是平面；如果大于 180°，它们所处在的面就是个球面，如果小于 180°，则它们活动于其上的面就是马鞍形曲面。同样，也可用类似办法来检验三维空间的弯曲性。通过三维空间中的三个点所画出的三角形三内角和等于 180° 则空间就是平直的，如果大于 180° 则空间就有正曲率，若小于 180° 空间就有负曲率。假如有三个天文学家跑到地球、火星和金星上去测量这三个星球所构成的三角形，将会发现其三内角之和大于 180°，空间具有正曲率。

广义相对论认为时空的特性取决于物质的分布，物质分布越密，时空弯曲就越厉害，引力场的强度就越强。在引力场中的不同地点由于引力势的高低不同，时钟的快慢也要发生变化。因此，广义相对论深刻地揭示了时空同物质的统一关系（参见附录 3）。

3. 广义相对论概括

1916 年，爱因斯坦建立了广义相对论。将仅适用于惯性系的狭义相对论推广到适用于任意参考系，广义相对论揭示了引力、时间、空间性质与物质分布及运动之间的内在联系及相互依赖关系，这就是相对性理论的重大贡献。

它有两个基本假设：第一，广义相对性原理，即自然定律在任何参考系中都具有相同的数学形式；第二，等效原理，即在一个小体积范围内的万有引力和某一加速系统中的惯性力相互等效。

按照上述原理，万有引力的产生是由于物质的存在和一定的分布状况使时间空间性质变得不均匀（所谓时空弯曲）所致，并由此建立了引力场理论。而狭义相对论则是广义相对论在引力场很弱时的特殊情况。从广义相对论可以导出一些重要结论，如水星近日点的旋进规律（即水星沿其轨道运行每世纪其近日点前移 43″），光线在引力场中发生弯曲，较强的引力场中时钟较慢（或引力场中光谱线向红端移动）等。这些结论和后来的观测结果基本上相符。特别是，通过测量雷达波在太阳引力场中往返传播在时间上的延迟，以更高的精度证实了广义相对论的结论。

狭义相对论将力学和电磁学统一起来，将时间和空间统一起来，带来了时空观念的根本变革。在狭义相对论中，速度只具有相对的意义，所有惯性系都是平权的，没有哪一个惯性系更优越，从而排除了惯性系的绝对运动；另一方面，物理作用传播的极限速度是真空中的光速，从而在整个物理学中排除了那种瞬时立即生效的超距作用观念。正是这两方面，狭义相对论尚存在理论上的疑难，有待于进一步发展。其一，引力现象是物理学研究的广泛课题，而牛顿万有引力定律的表述是超距作用的，它与狭义相对论相抵触，狭义相对论不能处理涉及引力的问题，需要将它发展并纳入相对论的引力论；其二，狭义相对论在否定绝对运动上还不够彻底，它否定了一个绝对静止的惯性系，但却肯定了所有惯性系比起其他参考系更优越的地位，而且在究竟什么是惯性系的问题上还存在逻辑循环。结果造成了已知物理定律却不知此定律赖以成立的参考系的尴尬局面，整个物理学犹如建筑在沙滩上。

爱因斯坦思考了这些问题，把狭义相对论发展为广义相对论。其突破口是 16 世纪伽利略已经知道但长期不能解释且未加重视的事实：物体的重力加速度为恒量，它是物体的引力质量和惯性质量相等的结果。爱因斯坦从这一事实得出引力场与惯性力场等效的等效原理。根据等效原理，物体在无引力的非惯性系中的运动与它存在引力的惯性系中的运动等效，惯性系与非惯性系没有原则的区别，它们都同样地可用来描述物体的运动，没有哪一个更优越。爱因斯坦将狭义相对性原理推广为广义相对性原理：一切参考系都是平权的，物理定律应该在广义的时空坐标变换下形式不变。它是广义相对论的另一条基本原理。另一方面，引力作用可以用加速系（如上述电梯绳索断了电梯自由下落）来抵消，在这一加速系中引力作用不复存在，正如在重力场中自由下落的参考系中，物体因“失重”而消除了重力。广义相对论把这一自由下落的参考系称为局部惯性系。于是前述惯性系概念上的逻辑循环不复存在，而且此时局部落体系中的物理定律就是狭义相对论的物理定律。知道了局部惯性系内的物理定律，可通过广义的时空坐标变换获得任意参考系内的物理定律。

按照广义相对论，在局部惯性系内不存在引力，一维时间和三维空间组成四维的欧几里得空间；在任意参考系内，只要存在引力，引力就会引起时空弯曲，时空就被认为是四维弯曲的非欧黎曼空间。爱因斯坦找到了物质分布影响时空几何的引力场方程。认为时间空间的弯曲结构取决于物质能量密度和动量密度在时间空间中的分布，而时间空间的弯曲结构又反过来决定物体的运动轨道。如果引力不强，时间空间弯曲很小的情况下，广义相对论的预言同牛顿万有引力定律和牛顿运动定律的预言趋于一致，而引力较强、时间空间弯曲较大的情况下，两者有区别。广义相对论提出以后，都被天文观测或实验所证实。近年来，关于脉冲双星的观测也提供了有关广义相对论预言存在引力波的有力证据（参见附录 3）。

广义相对论以其理论上的完美和被实验的证实，很快得到人们的承认和赞赏。然而由于牛顿引力理论对于绝大部分引力现象已经足够精确，广义相对论只提供了一个极小的修正，人们在实用上并不需要它，因此，广义相对论建立以后的半个世纪，并没受到充分重视，也没有得到迅速发展（参见附录 1)。

到 20 世纪 60 年代，情况发生变化，发现强引力天体（中子星）和宇宙背景辐射，使广义相对论的研究蓬勃发展。广义相对论对于研究天体、宇宙的结构具有重要意义。相继开展的关于中子星的形成和结构、黑洞物理和黑洞探测、引力辐射理论和引力波探测、大爆炸宇宙学、量子引力以及大尺度时空的拓扑结构等问题的研究正在深入，日益被公认广义相对论已成为物理研究的重要理论基础。

相对论的一个重要结果，便是质量与能量间的关系。爱因斯坦假定光速对所有的观测者都不变，如果持续给物体供应能量，被加速物体的质量就会增大。我们可以设法把一个粒子的速度加大到接近光速（只能是接近，等于光速是不可能的）这个粒子就会获得极大的能量，爱因斯坦断言质量和能量是等价的。这种质量与能量的关系，便是著名的质能方程 $E = mc^2$。当铀原子核裂变成两个小的原子核时，因为很微小的一点质量亏损，便会释放出巨大的能量。原子弹与核能的理论基础源出于此（参见附录 5)。

虽然爱因斯坦经常被人称为“原子弹之父”，但他同原子弹之间并无任何直接关系。他曾说“我不认为我自己是释放原子能之父。事实上我未曾预见到原子能会在我活着的时候就得到释放。我只相信这在理论上是可能的。”1945 年广岛和长崎原子弹爆炸后，他还为反对原子战争而奔走呼号。

爱因斯坦警告自己著作的出版商，世界上可能只有 12 个人能够明白相对论，但是世界上却有几十亿人借此明白没有什么是绝对的。

爱因斯坦一生都不理解也不赞成将相对论应用于物理学之外，但是自 1905 年以后他的相对论思想却在不断被引向文学、艺术、哲学、宗教等几乎所有包含着人类思维的学科。

爱因斯坦曾来过中国，1922 年爱因斯坦应日本改造社邀请赴日本讲学，来回两次途经上海，正是在上海他被告之获得诺贝尔物理学奖的消息，中国人看到的爱因斯坦是这样的一个相貌平凡而和蔼的绅士，看起来更像一位乡村教师，他对当时中国人的印象则是“勤劳、善良、备受挫折、愚钝、不开化——然而健全”。

1.2.4 三种物理力学的异同列表

相对论在很多典籍中都称“相对论力学”特别是早期更是如此，随着时代的发展相对论早已超出传统力学的概念，但它是在经典力学的基础上发展起来的则没有人怀疑。为了比较，这里我们用了“物理力学”的说法。其实“物理力学”的提出早在 20

世纪 50 年代钱学森就提出来并在中科院力学所成立了一个物理力学研究小组，重点研究高温气体、高压气体、高压固体及高温辐射等方面的力学问题，后来更进一步明确了以原子、分子物理为基础的研究，文革之后，物理力学被我国确定为重点发展的边缘学科之一。表 1 用表格形式给出了经典力学、狭义相对论、广义相对论三种物理力学的异同。

三种物理力学的异同 表 1

	经典力学 (1700 年)	狭义相对论（爱因斯坦 1905 年）	广义相对论（爱因斯坦 1916 年）
主要理论和成就	牛顿三大定律和万有引力定律： 1) 惯性定律 2) 运动定律 $F=ma$ 3) 作用力与反作用力定律 4) 万有引力 $F=Gm_1m_2/r^2$ G——万有引力常数	1) 同一事件在不同参考系中观察不一定是同时的 2) 运动物体在运动方向上长度比静止要缩短 3) 运动物体的质量随速度增加而变大 4) 任何物体的速度不能超过光速 (c=30 万 km/s) 亦称光速不变公理 5) 物体质量 m 与能量 E 满足质能关系 $E=mc^2$ 这个著名的质能方程就是核裂变释放巨大能量的理论根据	1) 广义相对论——自然定律在任何参考系中具有相同的数学形式 2) 等效原理：在一个小体积范围内的万有引力和某一加速系统中的惯性力相互等效。惯性质量 = 引力质量 3) 否定绝对时空观时空是遵循非欧黎曼空间的数学表达
相对性原理	宏观低速（相对于光速）运动的所有力学定律在一切惯性参考系中都具有相同的形式	物理定律在任何惯性参考系中都具有相同形式，把相对性原理从力学领域推广到包括电磁学在内的整个物理学领域	物理定律在一切参考系中都具有相同的形式，不存在绝对参考系
坐标转换	适于伽利略坐标变换 [见文内式 (1)]	适于洛伦兹坐标变换 [见文内式 (6)]	广义时空坐标变换，采用非欧黎曼空间的数学表示
适用范围	宏观低速运动	高速运动、电动力学及有关电磁学理论	大至宇宙的成因和变化趋势，小至粒子的构成和基本运行规律
参考系与时空观	主张绝对时空观，认为时间和空间完全脱离物质和物质的运动，空间是一个绝对静止的参考系，即惯性系	否定了绝对静止的参考系，但同时认为惯性系最优越，异地同时概念只具有相对意义	一切参考系都是平权的，物理定律在广义时空变换下形式不变。时空是弯曲的，由物质在时间空间中的分布决定

注：1. 惯性系：相对于观察者是静止的或作匀速直线运动的参考系称为惯性系；

2. 广义相对论的等效原理是“爱因斯坦电梯” [参 1.2.3 中的 (2)] 可以直接得到的原理，即从小范围看，一个没有引力场的均匀加速度运动的坐标系同有引力场的惯性系是等效的，即可以在任何一个坐标系使引力在其中被消除。

1.3 力学推动基础学科的发展 [3 ~ 10]

所谓“基础学科”，随着人类社会的进步和科技的发展，其内涵也会有所变化，但把它概括为人们通常说的“数理化天地生”仍然是比较准确的。数学很多分支学科的发展大都是为了表述力学行为而出现和发展的，典型的就是微积分的发明和完善。至于物理学甚至可以说是起源于力学，至今大学物理的前三章仍然是静力学、运动学和动力学。随着人类对自然的认识日益深化和科技的高速发展，上述六大基础学科中相继诞生了许多力学分支，如天体力学、地质力学、生物力学、数学力学、物理力学（至今尚未听说过有化学力学）可见力学对基础学科的发展是举足轻重的。全面地说力学促进了基础学科的发展，同样基础科学又推动了力学的进步。

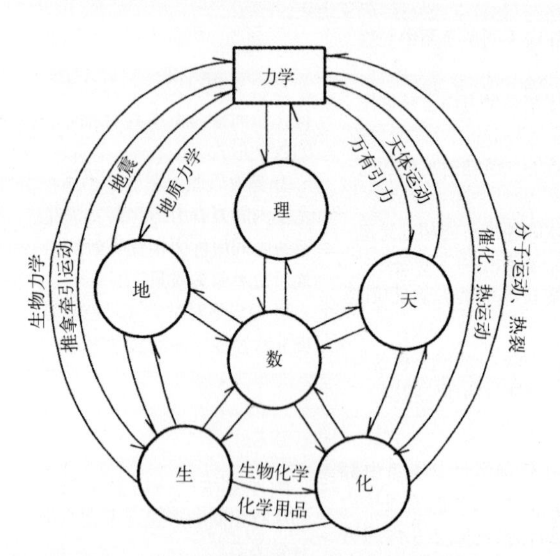

图 2 力学在自然科学发展中的重大作用

图 2 形象地给出力学在自然科学发展中的重大作用，它显示力学与物理、数学相互促进相互推动的关系，有人说力学对物理学和数学发展贡献最大，甚至发挥了相当大的推动作用，这话不无道理；反过来力学的成长和壮大又得益于其他学科的促进和渗透，特别是物理和数学。如相对论就是在牛顿力学无法表述物质运动接近光速时的运动规律，而量子力学则是当牛顿力学用于解释原子、质子等微粒运动碰到障碍而应运而生的。如上所述，力学是自然科学中发展最早历史最悠久的一门学科，可以一直追溯到前 3 世纪的阿基米德的杠杆、平衡、重心等。图 2 中还显示了力学覆盖面最广、拓展延伸功能最强的特点，如热运动、地壳板块运动、化学上的催化裂化、以及医疗上的推拿和牵引几乎无一不包含力学行为。

早在 17 世纪牛顿经典力学根据万有引力和运动学的基本原理就准确地预言了宇航运动的可能，精确算出了绕地球飞行、进入太阳系飞行以及超出太阳系进入宇宙飞行的三个宇宙速度，分别称为第一、第二和第三宇航速度，它们是 7.9km/s、11.2km/s、16.7km/s。这个力学理论上的预言直到 20 世纪 50 年代才初步实现。为了实现这个力学理论上的预言，人们在燃料、材料、信息、生物等各个学科进行了深入的研究和探讨，而在工业制造业等国民经济等重大领域同样付出了大量的辛勤的创造性的劳动并取得了重大的乃至突破性的发展和建树之后才实现的。从力学理论上的预言到变成人类生活的现实，竟经历了

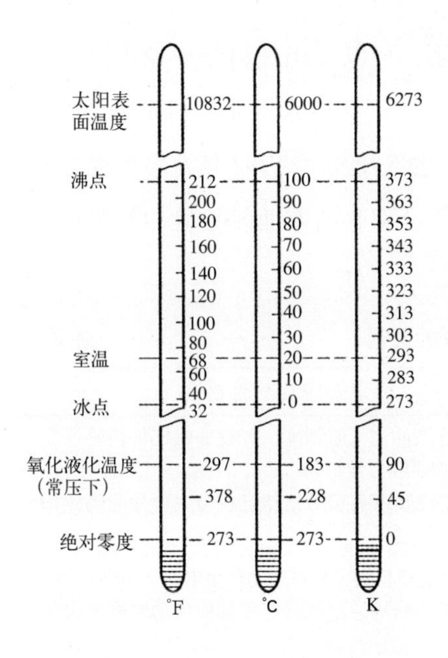

图 3 华氏、摄氏、开氏温标的比较

长达 300 年左右，这个事实充分说明力学对基础科学和技术科学有着巨大的推动作用和引领作用。

以燃料为例，如发射卫星要使推动卫星的火箭产生 7.9km/s 的第一宇宙速度，这个速度一般燃料和一般的燃烧方式是根本无法达到的，19 世纪 60 年代，W. 汤姆逊指出气体分子含有的平均能量每冷一度衰减 1/273，当温度降至 －273℃时，分子的能量减少至零，但其体积却并不完全消失，此后人们把 －273℃代表最低可能的温度称绝对零度，由于此时汤姆逊刚被晋升为开尔文勋爵，人们把这个绝对零度也常称为开氏零度。在该温度计上冰的熔点为 273℃，图 3 给出了华氏、摄氏、开氏三个温标的对应关系。

随着温度的降低气体被液化，液体能量继续减少最后被冻结，这样在接近绝对零度 (−273℃) 的情况下一些气体被液化或被固化。法拉第发现即使在常温下某些气体亦可在压力下液化，经过众多的化学家和物理学家的努力，最后发现氧在正常空气压力下液化点是 −183℃ (90K)，一氧化碳是 −190℃ (83K)，氮是 −195℃ (78K)。液化气体为火箭燃料的发展和使用开创了前提，液态氧是可以携带随火箭进入大气层的 (高层大气层内氧很少)。酒精、煤油和氧化剂混合的效率由“比冲量”来量度，比冲量就是火箭发动机的推力 (公斤力) 与其喷出点每秒重量流量 (kg/s) 的比值。煤油和氧的混合物比冲量等于 242，这是常用火箭燃料之一，见图 4 给出了一个由酒精与液态氧作为混合燃料的简单的液体燃料火箭。

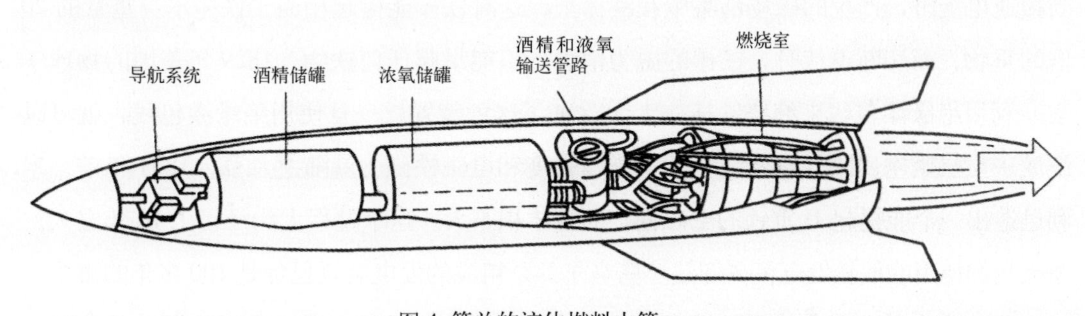

图 4 简单的液体燃料火箭

表 2 给出了不同时代科学技术的发展与力学的关系，可以看出在科学理论上经历了 17 世纪牛顿力学的建立到 20 世纪信息论、系统论的诞生，而在技术层面上则先后经历了蒸汽机、电磁、核能和电脑、宇航等不同的发展阶段。图 5 给出了 1782 年瓦特发明的蒸汽机的示意图，它显示由燃烧锅炉产生的蒸汽是如何通过那些活塞曲轴惯性轮等最终实现对机车的拖动。

不同时代科学技术的发展与力学的关系　　表 2

	科学	技术	力学效应及其重要性
一 (17 世纪)	经典力学 (1700 建立)	蒸汽机的应用	•高压蒸汽冲击气缸活塞、经过曲轴杠杆转轮等零部件产生需要的力学行为 •三大定律及万有引力定律已相当完善并准确计算了三个宇宙速度
二 (18 世纪)	马克斯韦尔电磁理论 (1873) 建立；赫兹证实电磁波 (1888) 存在	电力应用和普及	•发电机转子与定子相对运动产生电——力学行为 •电动机由转动通过杠杆等零部件传动使机床实现各种加工——力学行为 •照明——电光学、电热力学
三 (19 世纪)	相对论 (1905，1915) 和量子理论 (1926−1928) 的建立	核能开发和应用	•核爆的三大杀伤力：冲击波、热辐射、核污染，力学效应最直接且严重 •核电站——反应堆代替了煤和油，但发电机及电动机基本力学行为不变
四 (20 世纪)	信息论、控制论、系统论 (1948) 的建立	电脑普及 宇航技术发展	•控制论大量是力学控制、电脑推动了力学分析和机床自动化 •宇航碰到的首先是力学问题、宇宙速度、失重问题、太空零气压

如果从力学效应上分析，无论哪个阶段和技术层面几乎都体现了力学在理论上和技术上的重要性。就以第二阶段的电力应用和普及来看，发电机是转子绕定子的旋转而发电的装置。将科学发现用于工程技术层面的过程也都要经历一个由简单粗浅到复杂细微的日益完善的阶段。图 6 是法拉第最早的发电机，用手旋转一个切割磁力线的铜盘而发电，到 1823 年英国的电机实验家斯特金把裸铜线在 U 形铁棒上绕 18 匝，形成一个电磁铁。当接通电流时，产生的磁场都集中在铁棒上，这时铁棒能提起相当于铁棒本身重量的 20 倍的重物，而切断电流时，铁棒的磁力消失，不能举起任何铁物。1829 年美国的物理学家亨利用绝缘漆包线来缠绕铁棒，大大改进了这种装置。一旦使用绝缘漆包线，就可以绕成一层层紧密回路，每多绕一圈，磁场强度和电磁铁磁力就随之加强。1831 年前，亨利已造出一个能提起 1t 重铁的电磁铁，而且体积不大。这个过程大约经历了 10 年之久。今天我们使用的涡轮发电机离开法拉第当年那个粗浅的发电装置已经是 100 多年的事了。

产生发电的这种转动无论采用蒸汽、水力、风力、核能，总之是设法制造或构成一个产生转动的力学行为才行，这是首端。而在尾端常称为电动机，仍然是一个将电能转

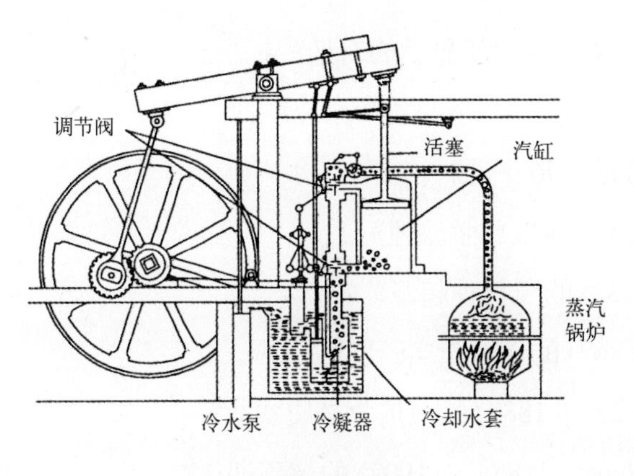

图 5 瓦特的蒸汽机

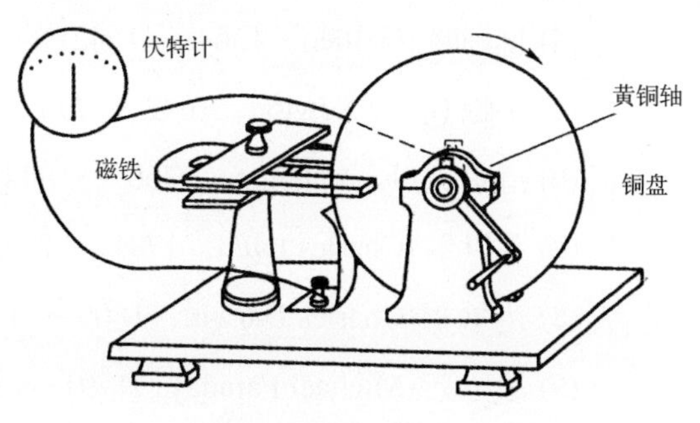

图 6 法拉第的发电机

旋转的铜盘切割磁铁的磁力线，在伏特计上产生感应电流

换成旋转的力学能的过程，然后才能实现制造业常用的钻机、切削、机床、锻压等以力学效应来实现的工业流程。至于第三阶段的核能开发和利用，也同样可以找到力学在其中的重要性，核电站及各类核动力舰艇相对于传统技术改变的仅仅是首端的能源（附录 5 给出了一个核电站的示意图）。其后的各个环节特别是尾端的使用技术仍然是力学行为，所以我们可以说科学技术的发展其首端和尾端几乎都或多或少地与力学行为有关，在人类认识和改造自然的过程，力学显示了它极强的基础性、普适性和不可替代性。

这里我们清晰地看到了力学似乎又介于基础科学与技术科学之间的桥梁作用，许多物理学的重大发现和应用，表面看似乎与力学无关，但仔细分析起来又离不开力学，如上述电的发现，就是磁棒在磁场内运动的力学行为引发的思考，反过来在技术学科和工业应用上，又通过力学来实现工业生产中的各种操作和技能，将电变成了一种强大的产生力学行为的母机电动机。当然电亦可转换成光和热等各种物理效应。

武际可教授在文献 [7] 中谈到中国人对于古代学者的最重要的著作，从汉代的“五经”开始，历代逐渐充实扩展，至南宋定型为“十三经”，即《易》、《诗》、《书》、《周礼》、《礼记》、《仪礼》、《公羊传》、《穀梁传》、《左传》、《孝经》、《论语》、《尔雅》、《孟子》等十三部儒家经典。后代学者反复注释、演绎，发展成为浩瀚的国学体系。

在西方，并没有人从古代的全部文献中作过挑选，不过久而久之，在不同的行业中，也逐渐形成公认的不多的几部从事自然科学研究与教学的经典著作。美国内德勒 (John Warren Knedler) 在他的著作《十三本科学大师著作摘要》(Master Works of Science Digest of 13 Great Classics) 中也选定了十三本名著。分别为：

(1) 欧几里得 (Euclid，前 325 －前 265) 的《几何原本》；

(2) 阿基米德 (Archimedes，前 287 －前 212) 的《论浮体及其他命题》；

(3) 哥白尼 (Nicolaus Copernicus，1473 － 1543) 的《天体运行论》；

(4) 伽利略 (Galileo，1564 － 1642) 的《关于两门新科学的对话》；

(5) 牛顿 (Issac Newton，1642 － 1727) 的《自然哲学的数学原理》；

(6) 道尔顿 (John Dalton，1766 － 1844) 的《原子论》；

(7) 莱伊尔 (Charles Lyell，1791 － 1875) 的《地质学原理》；

(8) 达尔文 (Charles Darwin，1809 － 1882) 的《物种起源》；

(9) 法拉第 (Michael Faraday，1791 － 1867) 的《电学实验》；

(10) 孟德尔 (Gregor Johann Mendel，1822 － 1884) 的《植物杂交实验》；

(11) 门捷列夫 (Dmitri Ivanovich Mendeleyev，1834 － 1907) 的《周期律》；

(12) 居里夫人 (Marie Curie，1867 － 1934)《放射性》；

(13) 爱因斯坦 (Albert Einstein，1879 － 1955)《狭义与广义相对论》。

很有意思，13 本正好与十三经的数字巧合了。

内德勒的书最早是 1947 年出版的，到了 1973 年又由 McGraw-Hill (New York (etc), London) 出版社再版。时间过了近 30 年换了一代读者，仍然有相当的市场，说明这本书是经受了历史的考验的。

内德勒的书在选择对象上是严格的。从所选的 13 部经典，我们可以体味出他选材的标准，这就是要有原创性、基础性和影响的深远。他不以名气大小作为选材的标准，亚里士多德的名气够大了，但他的著作对近代科学的发展并不重要，所以一本也没有选。伽利略有两本《对话》，一本是《关于托勒密和哥白尼两大宇宙体系的对话》，一本是这里所选的《关于两门新科学的对话》，前一本写得比较通俗也比较有名，而且伽利略被宗教法庭迫害也是由于它，但作者没有选，因为它比较大的篇幅是注解和捍卫哥白尼的《天体运行论》的观点，原创性没有后一本开创了动力学和材料力学两门新科学来得大。同时后一本有一定深度，一般读者不易读懂，所以更需要加以摘要介绍。再例如，麦克斯韦 1873 年出版的《电磁学通论》，奠定了近代电磁学的基础，提出了麦克斯韦方程组，是一本公认的经典著作，而作者认为，法拉第的电学实验更具有原创性，而没有把麦克斯韦的著作列入。这里我想强调的是作者在整个基础学科中一共选择了 13 本书，其中关于力学的就有 5 本，即阿基米德、哥白尼、伽利略、牛顿、爱因斯坦的著作，可见力学在整个自然科学、物理学和数学中的重要基础性质。

在这里我们不吝篇幅大段地引证文献 [7] 的论述，是想说明力学在基础学科中的重要性，甚至可以说它其实就是基础学科的一部分，而且是极重要的一部分，我把它称之为“物理学的发端和基础”或者较第一部分的标题“力学的强势和早熟引领物理学发展”这些定位应该说是基本符合事实的。

2　力学在中国及其与国民经济关系 [7 ~ 14]

2.1　近代力学在中国的兴起 [8]

2.1.1　早期微弱的渗入

我们称“渗入”是因为早期中国的力学乃至整个近代科学并不是主动学习引进的而是“渗入”进来的。

文献记载和考古发现，我国在力学知识的应用上如都江堰水利工程、赵州桥的建造等也算得上比较辉煌的成果，但中国传统的文化内涵使其始终没有向着普遍的定量的规律发展。

最早以“理论”形式传入中国的应属 1627 年出版的《远西奇器图说》，该书是由法国耶苏传教士邓玉函 (Joannes Terrenz 1576 － 1630) 口函王徵笔录而成的。邓与伽利略是同时代的人，书中涉及的主要是静力学原理和方法，如重力、浮力、杠杆、斜面以及一些在当时已算较为复杂的实用机械，如起重机、提水机、汽车等。与邓玉函同时的还有意大利著名的传教士利玛窦 (Matteo Ricci 1552 － 1610)，他于明朝万历年间 (1582) 来华传教，同样带来了一些西方比较先进的科学思想，这期间中国虽有少数人关心力学问题，但绝大部分是与天文学和历法有关的内容，且集中在皇室和少数贵族的范畴 (如康熙帝及大臣徐光启等)，鲜有关于称得上力学理论和实用方法的发展与记载。

由于中国封建王朝的夜郎自大，从早期 (明朝中叶) 对这种“渗入”的听之任之，到后来自雍正即位 (1721) 开始一直延续至乾嘉时期的 100 多年间，中国皇室在政策上就完全闭关锁国了。而这个时期 (18 世纪，19 世纪) 正是西方力学乃至整个科学大发展的阶段。一场不可避免的灾难，1840 年爆发的英国侵华的鸦片战争中国失败。

2.1.2　洋务运动起了一定的促进作用

鸦片战争之后，以李鸿章 (包括曾国藩等人) 为首的开展了“师夷长技以制夷”的洋务运动，这项工作虽然是上层官僚行为，但对推动中国力学和工业的发展乃至人才的培养都起了积极作用。

(1) 开办了中国首批造船、机械、纺织等工业。

(2) 引进科技人才，特别是派出少年留学生，自 1872−1871 年，先后派出由容闳带领的 4 批总数 120 人的赴美留学生，其中就有后来做出重大贡献的詹天佑等人。

(3) 培养并造就了为数不多的翻译人才，如傅兰雅、李善兰还有曾国藩的儿子曾纪泽等。

这种官僚引导行为虽然有所收获，但远没有形成一个全民的科学启蒙运动。

2.1.3 辛亥革命和五四运动推进了中国近代力学的兴起

1911 年辛亥革命推翻了帝制为中国的文艺复兴——以民主和科学为宗旨的五四运动创造了良好政治文化氛围，一大批公派、家派出国留学的人员日益增多。学习的专业也日益广泛，除了与力学有关的如航海、土木、采矿、机械、纺织、天文等是主流之外，还有医学、哲学、语言等众多的领域。其中不少人学成归来，报效祖国，最值得称道的是早在 1949 年以前学成归国的周培源和钱伟长两位先生。2010 年 7 月 30 日，钱伟长先生以 98 岁高龄病逝于上海大学校长的岗位上，媒体评价钱先生是“力学家、应用数学家、教育家、中国近代力学的奠基人”，我看还应该加一条“真挚的爱国学者”。

这个阶段还有一件值得重视的事，1929 年和 1937 年两次受清华大学理学院院长叶企孙的邀请，当时最著名的流体力学和航空科学专家冯 · 卡门来中国访问，为中国航空发展事业起了重大的推动作用。

从辛亥革命到解放以前，中国已先后成立了一批现代大学，如天津的北洋大学，北京的辅仁、燕京大学、清华大学、上海的交通大学、同济大学，杭州的浙江大学，其中有的很早成立的，如北洋大学、燕京大学等早在清末辛亥革命前就成立了。

这些学校规模逐渐扩大专业日益增多，如土木、航空、造船、铁路、机械、冶金等相继成立，与这些工程学科有着紧密联系的力学也相继有了强劲的发展，如分析力学、天体力学、弹性力学、塑性力学、流体力学、气体力学、材料力学继而结构力学、岩土力学等，这些力学分支学科在上述有关高校中也大都结合专业的需要设课讲授。

实事求是地评价在 1949 年新中国成立以前，力学及近代科学在中国已经呈现了一派“兴起”的劲头，仅此而已。快速而带有规模性的大发展还是建国以后的事。

2.2 力学在中国的大发展 [7 ~ 14]

1949 年建国标志着中国人民从屈辱的半封建半殖民的状态下站起来了，一个朝气蓬勃的建设高潮到来了。

2.2.1 社会主义建设需要力学和力学人才

1. 形势呼唤力学

解放初期，百业待举、百废待兴，各行各业都处在一个大恢复、大发展、大建设阶段。学习苏联在那个特定的历史阶段也许是必需的。学苏反映在教育上是专业设置过细，对口明确、招生和分配都是有计划的。那个年代政府内阁各部的设置，许多也是按行业划分的，如纺织部、冶金部、化工部、石油部、煤炭部、轻工业部、机械工业部……(这些部在 1978 年改革开放之后都相继取消了)。相应地在教育上也有一大批对口的按行业命名的学校，如纺织学院、钢铁学院、化工学院、轻工业学院、矿业学院。这些学校在培养目标、专业设置和教学安排上也都围绕着行业的需求来界定，并据此组织教学，自然教学实习等也都有相应的政府机构来安排。每年的招生人数由行业对口部下达计划，毕业生也由它来消化，经费自然也由它拨款。展示了一幅典型的计划经济下的教育模式和图景，也就是常说的解放初期的学苏模式。

这个模式的特点是工科院校大量增加，而几乎所有的工科院校力学是最重要基础课之一，一时出现了力学人才荒，很多工科院校缺乏力学教师。更为严重的是当时国家大量的基础建设项目，包括前苏联援建的 156 项大型工程，如第一汽车制造厂、武汉长江大桥、洛阳拖拉机厂等都需要大量的工程技术人才，由于力学的基础性和对各种工业技术的主导性和普适性，更显示了力学人力的紧缺。许多原来从事力学的科技人员也被抽调到这些工程技术项目中效命，而且多在不同的领导岗位上。加之新兴的中华人民共和国又面临着一个国防安全的问题，需要研制飞机、舰艇乃至导弹和核爆炸，这更需要力学人才了。

2. 引进人才组建专职的力学机构

解放时留在大陆的力学人才为数有限，其中最著名的应属周培源、钱伟长两位先生了。建国后从 1950 年钱学森就要求回国，但美国不予批准，甚至严加监视几乎使钱学森失去了行动的自由，后来在周总理的关怀下，经过外交途径的交涉和斡旋，1955 年 10 月 18 日，钱学森一家才平安回国。这期间先后回国的还有郭永怀、王仁、陈宗基等 10 几位力学名流，加上建国初期派往苏联和东欧留学进修归来的学者，如黄克智、熊祝华、杨桂通等，在第一个五年计划的后期 (1956) 中国已经有一支初具规模的力学人才队伍了。

与扩大人才队伍的同时，中国组建了一批以力学为主的研究机构，中科院数学研究所成立了力学研究室 (1951)，钱伟长任室主任，以后又组建了力学研究所 (1956)，刚回国的钱学森任所长，继而哈尔滨工程力学所、岩土力学研究所等等也相继成立。在长期酝酿的基础上1957年2月10日成立了中国力学学会，这个学术性组织的正式建立标志着中国力学的扩大普及和日益群众化的深入发展。自此以后，许多下属的分支学术团体，如固体力学、流体力学、爆炸力学等分委会或专业委员会先后组建起来。

3. 力学黄浦——清华工程力学研究班的成立

早在1952年，全国规模开展院系调整时，北京大学、清华大学、燕京大学三校数学系合并，下设数学和力学两个专业，1952年招收了第一届学生，这是中国的第一个力学专业。

按照建国初期力学人才的紧缺情况，靠一个力学专业培养是远远不够的，而且每年招生人数有限，按照4年制计算，第一批1952年招考的学生要到1956年才毕业，必须破例突击培养力学人才，于是清华工程力学研究班诞生了。

“力学黄浦”是这种破格带有突击性的培养力学人才的戏称或比喻的叫法。

1957年2月，钱学森、周培源、钱伟长、郭永怀等著名力学家创建清华大学力学研究班，专门培养高级力学研究人才。目的是对具有某一方面工程技术知识的人员施以力学的基础培训。每年招生120名，学制两年。设固体力学与流体力学两个班，研究班结业学员中成绩优秀者，经原单位同意的继续进行副博士论文的研究工作约一年半到两年半。力学班连续办了三届，共招收学员309人。钱学森为研究班的第一主持人。根据《清华大学附设自动化进修班、力学研究班班务会议章程（草案）》，班委会委员名单为：钱伟长（兼班主任）、钱学森、张维、陆元九、钟士模、杜庆华。“反右运动”后，力学研究班的班主任为郭永怀，副班主任为杜庆华。

钱学森的“技术科学”思想，指导了工程力学研究班的创建。1955年冬，钱学森在北京理工大学作了“论技术科学”的报告。他指出：应用力学或工程力学应属于技术科学，它介于基础科学和工程技术之间。它的研究对象是工程专业中共同性和具有规律性的问题。他提出技术科学工作者要掌握三个方面的工具：工程分析的数学方法；工程问题的科学基础；工程设计的原理和实践。他长期从事力学的开创性研究，体会到“技术科学”的重要性。工程力学研究班实际上是作为当时国内培养技术科学人才的一个试点，学员全部来自各高等学校的工科系（如机械、土木、造船等）以及工程科研部门和厂矿企业并要求要能掌握一门外语者才能入选。强调研究的课题应结合我国重大的工程建设的需求。

工程力学研究班课程的设置与主讲教师的遴选也是在钱学森的“技术科学”指导思想下进行的。钱学森亲自讲授“水动力学”和“宇航工程”（讲座）；其他任课的著名教授如钱伟长讲授“应用数学”、“工程流体力学”、“气动弹性”，钱伟长、杜庆华讲授“弹性理论”，郭永怀讲授“流体力学理论”和“边界层理论”，李敏华讲授“塑性理论”，郑哲敏讲授“动力学”、“应力和波”，黄克智讲授“蠕变与热应力”，潘良儒讲授“流体动力学”，孙天风讲授“气体动力学”。这样的力学教师阵容在当时的北京应该说是最强的。学员毕业后大部分派到工科院校、科学院和军工部门，在这些战线上他们发挥了重要的作用，其中许多人陆续成长为技术科学部门、工业部门、军工部门的骨干和领导。

“力学黄埔”的建立和成功充分显示了力学的基础性、普适性和对工程技术的主导作用，此后在中国学科分类上将力学归入技术科学的范畴，列入机械、土木等技术科学之首，强化了力学在技术科学中的指导作用。

2.2.2 技术科学促进了力学面向国民经济主战场

力学的发展历程和轨迹一直是物理学的一个重要分支，而且是物理学发展成熟最早的一个分支，至今在大中学的物理教材中前三章仍然是静力学、运动学和动力学，然后才是声、光、电、核等内容，国际上许多国家也大都不专门设置独立的力学专业和研究科室，而将力学放在物理学的框架之内，这不仅是历史惯性形成的而且也有其合理的一面。

钱学森回国之后一直倡导力学应归入技术科学，1957 年中国力学学会成立大会上，钱学森作了“论技术科学”的报告，他依据科学发展的历史将人类认识和改造自然划分为自然科学、技术科学和工程技术三大类，进而阐述了三者的相互联系，提出发展到今天，必须强调发展“技术科学”这一层次的重要性，这个讲话为力学工作者指出了力学科学研究的正确方向和定位。1958 年 8 月，中国力学学会召开常务理事会，钱学森作了“争取力学工作大跃进”的报告，从航空、运输、机械制造、水利、土木建筑、化学工业、冶金工业、石油工业和农业 9 个方面，提出了力学的科学研究方向和任务。请大家注意，这 9 个方面几乎囊括了当时国民经济恢复时期主战场的各个领域。

在这个思想的指导下，一些与国民经济密切结合的力学领域得到了迅速发展，并组建了相应的学术团体，继流体力学、固体力学之后，爆炸力学、生物力学、环境力学等相继成立，一些与国防密切有关的力学研究课题与项目得到了更多的关注，加速了我国这方面的发展，1960 年 11 月我国在酒泉成功地发射了第一枚近程导弹，1964 年 6 月又发射了一枚中近程导弹，1966 年 10 月又成功地完成了中近程导弹运载原子弹的“两弹结合”飞行试验。

2.3 力学与国民经济的紧密联系 [11 ~ 14]

图 7 示意性地给出了力学在国民经济各领域的重大作用的示意图，从土木水利到电

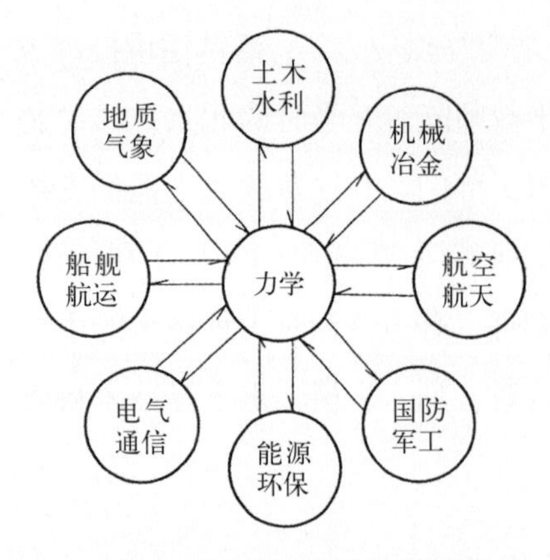

图 7 力学在国民经济中地位和作用

气通信，从地质气象到机械冶金，力学几乎无处不在，这种无处不在是因为各行各业需要它，更是由于力学对这些行业有其重大的不可代替的主导作用。作者有机会与国外造纸专业的学生接触过，发现造纸学院的课程设置中力学是一门重要的基础课，而且弹性力学、塑性力学都要学一点，原来纸的一个重要指标是它的力学指标，如抗拉、抗折、抗撕裂……，如果造纸这种专业尚且要学力学，力学的影响面和专业覆盖面或涉及面就远不只是图 7 所示的那些领域了。

图 8 给出了一个力学与国民经济各行各业的关系框图，左端是力学的各个分枝，右端是国民经济的各个行业，尽管“分支”和“行业”都不全，也没有必要搞全，仅就罗列的这些已足可以说一句：“几乎每一个行业都离不开力学”，而且力学在这些行业中都是举足轻重的。钱学森先生把力学从传统的物理学中“剥离”出来归入技术科学是不无道理的，它至少推动了力学在技术科学和国民经济各行各业的主导作用，对力学面向国民经济主战争起了重大的推动作用。尽管这种“剥离”也有着不同的非议。

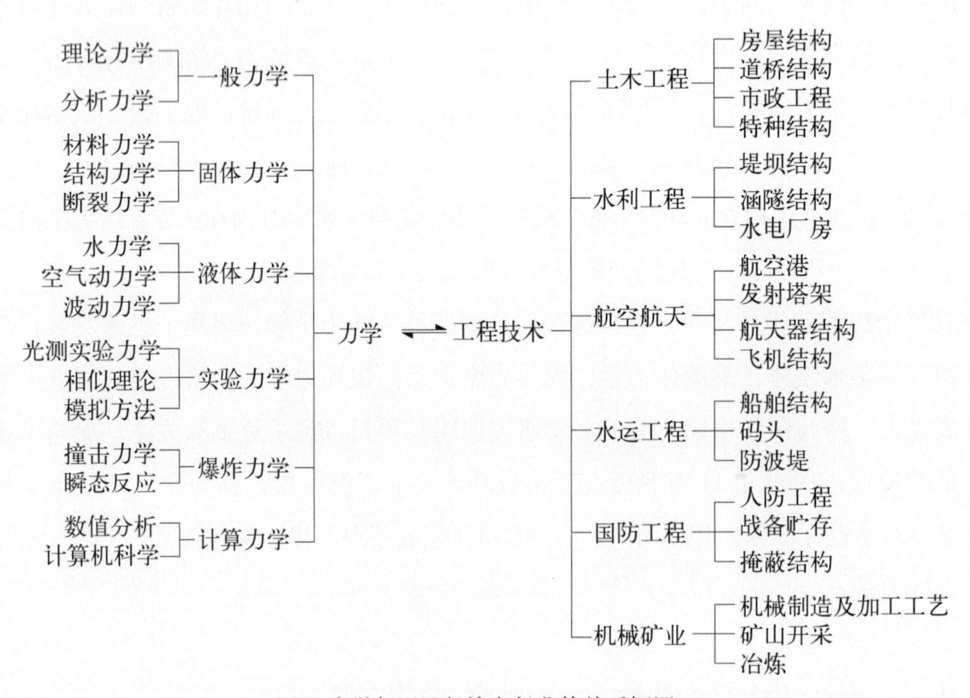

图 8 力学与国民经济各行业的关系框图

图 9 形象地给出一个力学各分支学科与工业行业各分支行业的密如蛛网的关系。这个“网”让人们看到了几乎任何一个力学分支在每一个工业行业中都能发挥作用，换言之，任何一个工业行业对每一个力学分支都有需求，以比较“偏远”的爆炸力学为例，无论土木、水利、国防、矿山等都需要它的参与与指导。

如前所述，自钱学森关于“技术科学”的思想引入力学学科之后，从某种意义上将力学从“天地生数理化”的基础科学中“升华”出来，因而扩大并加强了它在技术科学以及工程技术领域的主导作用。这个庞大的领域今天看来远不只是当年钱学森讲的航空、运输、机械、水利、土木、化工、冶金、石油、农业 9 个方面，尚应包括信息材料、生物、航天、国防、能源、环保、医学等众多的领域。我们可以说国民经济的各个行业都和力学有着这样那样的联系，而且许多领域中力学是起主导乃至指导作用的，甚至可以说有些领域和行业没有力学的介入和指导它的发展都成了问题。至少我对土木工程是有发言权的，许多学者公认土木工程发展的两大杠杆，其一是材料，其二就是力学。仅就材料而言，它的一个重要指标是力学性能，材料学科的发展也离不开力学。至于卫星、导弹发射、航天探月等高技术就更离不开力学了。

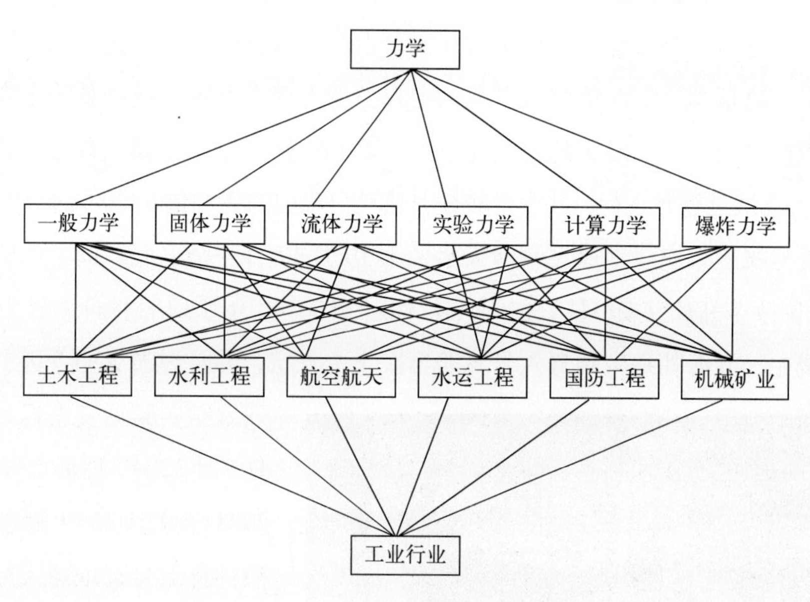

图 9 力学各分支学科与其他学科和行业关系

3 中华民族的伟大复兴离不开力学[8 ~ 39]

新中国建立不久，就面临着美苏两个超级大国的军事冷战的威胁，我国在以钱学森为首的一批力学家立即开展关于导弹发射和核爆炸的研究和试验，自1960年至1966年先后完成了近程、中程及中近程导弹运载原子弹的“两弹结合”的飞行试验，1964年10月引爆了第一颗原子弹，1967年又引爆了第一颗氢弹(见附录5.2，5.3)与此同时我国又自行研制了核动力潜艇，在当时的条件下，这些举措大大壮了国威，减缓了外来侵略的威胁，并大大促进了富民强国的高技术发展。

3.1 航天、卫星发射和信息技术[11，14]

3.1.1 航天与探月

1969年7月21日，格林尼治时间2点56分，美国的阿姆斯特朗、奥尔德林、柯林斯三名宇航员驾驶飞船阿波罗号登上了月球，把人类的航天事业推进到一个新的高度，克服月球的引力实现了软着陆。当船长尼尔·阿姆斯特朗由船舱登上月球大陆时，他不无自豪地说：“这是一个人迈出的很小的一步，但却是人类的一个巨大飞跃。”他们在月球上放置了一块铜牌，上面镌刻着“地球上人类首次登上月球，我们是为了全人类和平而来，1969年7月。”飞船在月球上共停留了2小时36分，之后就返航了。从那以后，先后有24人尝试过登月飞行，其中半数登月成功。我国的杨利伟在2003年10月15日，乘坐神舟五号飞上太空绕地球飞行两天后，于10月17日安全返回，圆了中国人民的航天梦，是我国改革开放以来科技兴国的具体体现。2005年10月12日神舟六号9点整发射，航天员费俊龙、聂海胜乘坐神舟六号飞船再次飞上太空，并且遨游太空5天、完成一系列太空实验后安全返回地面。17日4时32分，神舟六号飞船着陆。2008年9月25日翟志刚等三人乘神舟七号绕地球飞行三天，其间翟志刚还出舱行走，图10是神舟七号在酒泉发射中心发射时的壮观景象，图11(a)是一幅神七飞天的示意图，图11(b)是我

图10 2008年9月25日神舟七号在酒泉发射成功

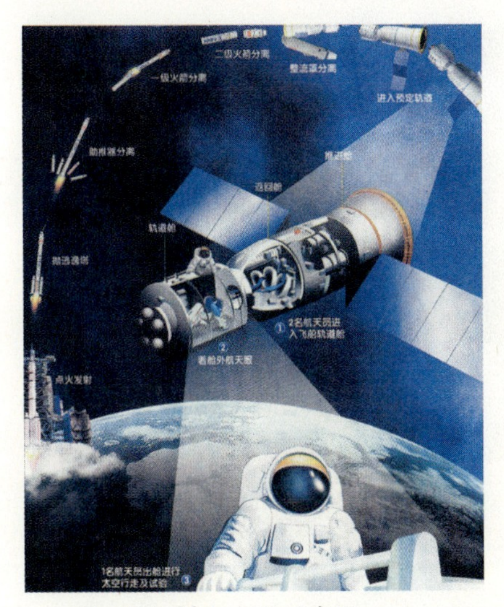

图 11(a) 神七飞天示意图

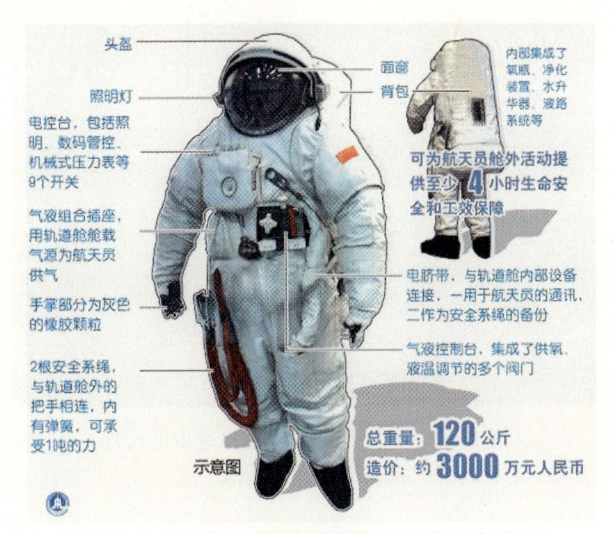

图 11(b) 我国自行研制的舱外航天服示意图

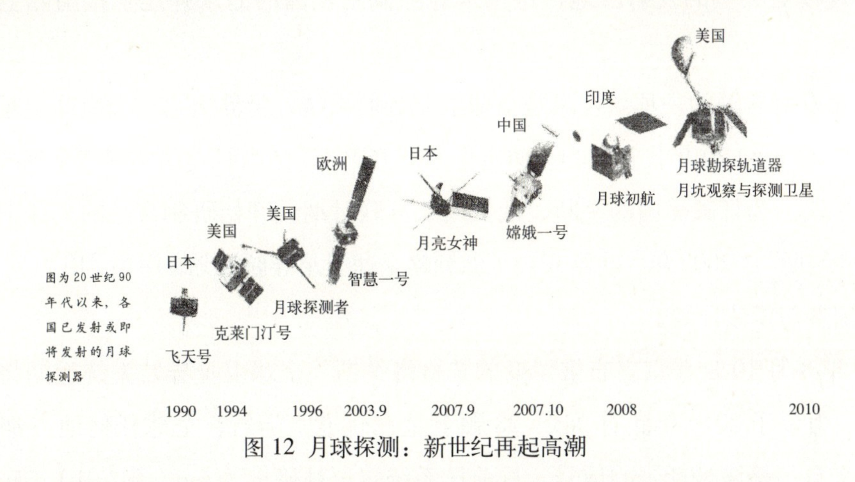

图 12 月球探测：新世纪再起高潮

国自行研制的舱外航天服。单就航天服而言，其中的力学问题就有如何克服太空的零气压（舱内比较容易解决）保证出舱后航天员活动的机动灵活性，氧气供应以及出舱后人员与舱体同步的保证系统等问题。

除载人航天之外我国还进行了卫星探月的发射为我国载人探月做准备，图 12 给出了一幅自 1998 年开始各国月球探测的大致状况，其中就有 2007 年 10 月 21 日我国发射的嫦娥 1 号，图 13(a) 则是嫦娥 1 号进入月球轨道的情况，图 13(b) 是嫦娥 1 号于 11 月 7 日撞击月球时的 4 幅照片。

媒体曾披露过我国计划 2016 年载人登月。

3.1.2 卫星全球导航系统

我国先后已建有多个发射基地，除已有的西昌、酒泉、西安等以外目前正在海南岛

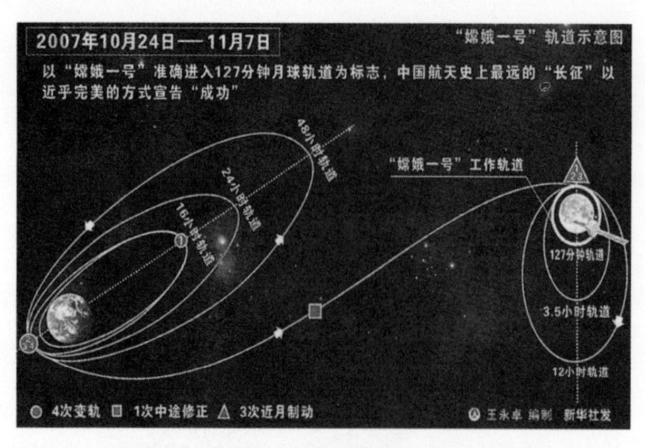

图 13(a) “嫦娥一号”变轨并逐步进入月球工作轨道示意图

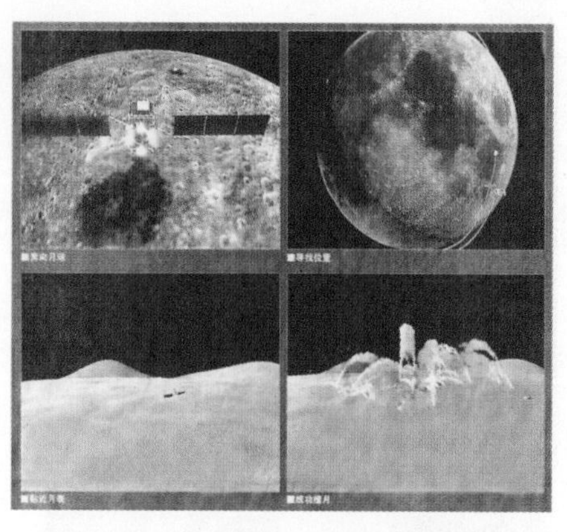

图 13(b) “嫦娥 1 号”运行和撞击图

筹建一个规模更大些的发射基地，这些基地除满足我国的需求外还承接国际卫星发射任务。

与卫星发射有关的一项新技术是全球卫星导航系统，世界上第一个全球卫星导航系统是美国在 20 世纪 70 年代开发的全球定位系统 (GPS)，是当时美国实现其全球战略的重要高科技手段。为打破美国的垄断，俄罗斯从苏联时期就开始研制自己的全球卫星导航系统“格洛纳斯”。2002 年，欧盟开启了伽利略全球卫星导航计划，中国、以色列、印度、乌克兰等国参与了该计划。

2010 年 8 月 10 日普京宣布俄罗斯的“格洛纳斯”全球卫星导航系统近期将再发射 6 颗卫星，力争于 2010 年底有 24 ~ 28 颗卫星在轨道上运行，全球任何地点都能够稳定地接收来自“格洛纳斯”的信号。目前该系统定位精确度为 6m，到 2010 年底提高到 5.5m，2011 年将达到 2.8m，届时将与美国的 GPS 精确度不相上下。

目前，中国正在建设具有自主知识产权的全球卫星导航系统——北斗卫星导航系统，今年 8 月初已成功发射第五颗北斗导航卫星，见图 14(a)，继而酒泉发射中心又发射了一颗遥感卫星 4 号，见图 14(b)，预计 2010 年左右，该系统将覆盖亚太地区，2020 年左右覆盖全球。“北斗”与 GPS、“格洛纳斯”、“伽利略”等比肩运行，国际卫星导航系统出现多元化的格局，卫星导航市场的竞争将促进导航技术的发展，催生更优质的服务，同时也提供了合作互补的机会，将为各国大发展全球导航定位产业提供保证。

3.1.3 网络化

与现代信息技术有关的还有一个现代正在日益壮大并已渗入到社会的多个阶层的网络化的应用和普及，中国社科院新闻与传播研究所于 2010 年发表的《新媒体蓝皮书》给

图 14(a) 西昌发射的第五颗北斗卫星

图 14(b) 酒泉卫星发射中心发射“遥感 4 号”

出了截止到 2009 年底我国网络化程度的主要数据，详见图 15。

关于网络化基础设施应包括发射、塔架，用于网络接收发射信息的卫星、光缆敷设以及计算机等等，是当今高技术的一个重要领域而且日益深入到各个部门、家家户户乃至个人，“今天的社会运行离不开网络”这句话大概不会太过分。

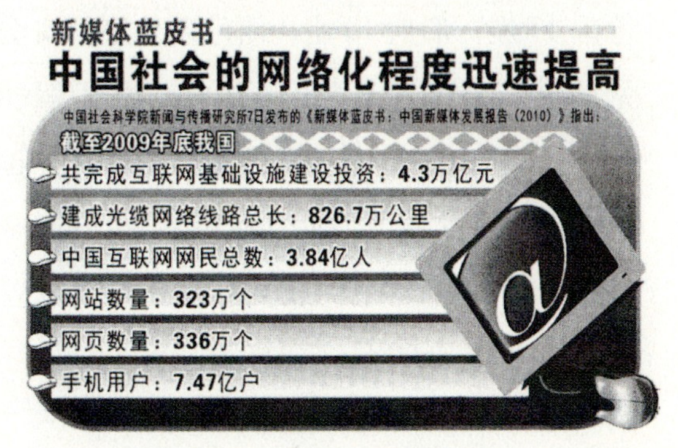

图 15 中国社会网络化程度

3.2 新能源的开发和利用 [11，13，14]

所谓新能源目前泛指低排放、低污染的符合低碳经济原则又可持续发展的能源，一般指水能、核能、风能和太阳能的利用，关于水能的利用全球开发的较早，我国应属走在前边的。我国是全球水能资源相当丰富的国家，建国后，特别是改革开放之后，一直处于积极开发的水平，截止到 2009 年末统计我国已开发的水能占水能资源的 34%，水电装机达到 2 亿 kW 年发电量约 6000 亿 kW · h，是世界最大的水利发电国，目前还有继续增长的趋势。这方面发展情况本文将在水利工程中给出较详细的阐述，这里着重介绍核能、风能、太阳能。

3.2.1 核能利用——核电站

石油时代始于 1859 年 [德克拉（美）在宾州钻出第一口油井]，目前全世界能源消耗油气占 60%，煤占 23%，人类已消耗掉 8000 亿桶石油，由于不同地区原油的轻重不同，

图 16 大亚湾核电站鸟瞰图

故每桶石油按重量计也有差别，一般可取平均值按每桶 60kg 计算。预测 2050 年世界日均消耗由现在的 8572 万桶增至 2 亿桶，当今全世界 100 个产油国已有 64 个生产达到峰值。开发新能源最有前景的是核能，铀全球储量丰富，无大气污染，目前全球核电站总数已达 400 多座。美国拥有 104 座，俄国 10 座。欧盟 143 座。其中法国 58 座，英国 19 座，德国 17 座，瑞典 10 座，西班牙 8 座。安全问题人类已可以控制（世界各地天然辐射剂量平均 2.2 毫希 / 人·年，而核电站周围居民的辐射平均为 0.02 毫希 / 人 · 年，仅为一次 X 光透视的 1/10）。我国现已建与在建的核电站达 10 座以上，28 台机组，且多已国产化，其装机总容量高达 2192 万 kW 占全国的 2%（世界核电国家平均装机容量高达 17%）。我国计划 2020 年达到装机容量 8600 万 kW，到时核电装机容量的比重将由 2% 提高到 5%，年发电 2600 亿 ~ 2800 亿 kW · h。（三峡工程装机容量 1820 万 kW，年发电 847 亿 kW · h）

我国竣工发电并网最早的应属 1991 年 12 月 15 日秦山 30 万 kW 压水堆核电站（比大亚湾早 3 年投产），秦山核电站位于浙江杭州湾畔海盐县，第一台 30 万 kW 的压水堆是加拿大引进的，但 2002 年 4 月投产的第二期工程就是我国自主设计的 60 万 kW 的机组了，2004 年 5 月第二台投入运营，2008 年 11 月秦山核电站三期工程又投入运营，采用重水堆额定功率 800 万 kW，我国专家感叹说“秦山核电站三期工程 1% 是加拿大的贡献，99% 是中国人的成绩”。

图 16 给出了我国第一座核电站——大亚湾核电站的鸟瞰图，该电站采用引进和自主技术相结合方针于 1987 年开工 1994 年并网发电，该电站装有 6 台百万千瓦级的压水堆核电机组。图 17a 是 2004 年开工兴建的 2 台百万千瓦级压水堆的浙江方家山核电站的施工现场，大家以人为比例判断一下核电反应堆的规模和巨大，图 17b 是 2008 年初 1 号机组已投入商业运营的江苏田家湾核电站。

2010 年 7 月人民日报披露由中核集团中国原子能科学院自主研发的中国第一座快中子反应堆（简称快堆）已首次达到临界状态。什么是快堆？快堆是快中子增殖反应堆的简称。目前全世界有 400 多座核电站，多数为轻水堆，消耗的主要核燃料是铀 235。自然界中铀 235 的蕴藏量仅为 0.66%，其余绝大部分是铀 238，占 99.2%。为保证核反应正常进行，

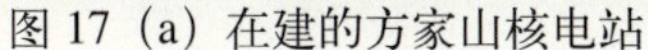

图 17（a）在建的方家山核电站

图 17（b）江苏田家湾核电站鸟瞰图

一般轻水堆里真正参与核反应的原料铀 235 只有 3% ～ 4%，余下是会产生辐射的铀 238 核废料。快堆不用铀 235，而用钚 239 作燃料，不过在堆心燃料钚 239 的外围再生区里放置铀 238，钚 239 裂变在产生能量的同时，又不断地将铀 238 变成可用燃料钚 239，而且再生速度高于消耗速度，核燃料越烧越多，快速增殖，所以这种反应堆又称快速增殖堆。目前，在核电站中广泛应用的轻水堆对天然铀资源的利用率只有约 1%，而快堆则可将这一利用率提高到 60% ～ 70%。就世界范围讲，可利用的铀资源将因此增加上千倍。

我国快堆的发展拟采用三步走，分别为实验快堆，示范快堆进而大型商用快堆。目前世界上掌握这项先进技术有美、法、俄、日四国，我国挤入第五位的行例。

核能的利用除核裂变以外还有核聚变 (见附录 5) 目前国际上有一项 ITER 计划又称人造太阳计划，中国是参与国之一。ITER 计划最初由苏联领导人戈尔巴乔夫和美国总统里根于 1985 年联合倡议，并由美国、苏联、日本和欧盟共同启动。然而，这一计划曾因种种原因搁浅，美国也曾一度退出。近年来，随着能源危机的加重，出于保护环境的需要，该计划重新得到重视。中国于 2003 年初开始参与，美国于同年晚些时候回归，韩国和印度分别于 2005 年和 2006 年加入，从而使这一计划的参与方达到 7 个，用各种方式介入国达到 33 个。

与其他能源相比，核聚变的原料取自海水，可以说是无穷无尽，同时它还不会产生二氧化碳等温室气体，对环境也几乎没有放射性危害。目前，石油、天然气和煤等化石能源正逐渐枯竭，而人类正在使用的核裂变能以及水能、风能、太阳能、有机物能等可再生能源也具有自身的局限性。

ITER 计划将分 3 个阶段进行：第一阶段从 2007 年年底开始至 2019 年，为实验堆建设阶段；第二阶段持续 20 年，为热核聚变操作实验阶段，期间将验证核聚变燃料的性能、实验堆所使用材料的可靠性以及核聚变堆的可开发性等，为大规模商业开发聚变能进行科学和技术认证；第三阶段历时 5 年，为实验堆拆卸阶段。实验阶段结束后，各参与方还将同时进行示范堆建设，为最终实现商业堆开发做准备。

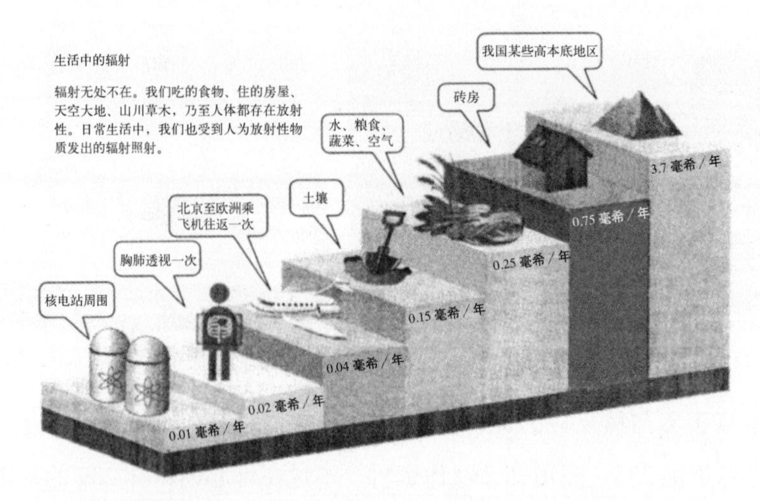

图 18（a）人类日常生活中可能受到的核辐射量

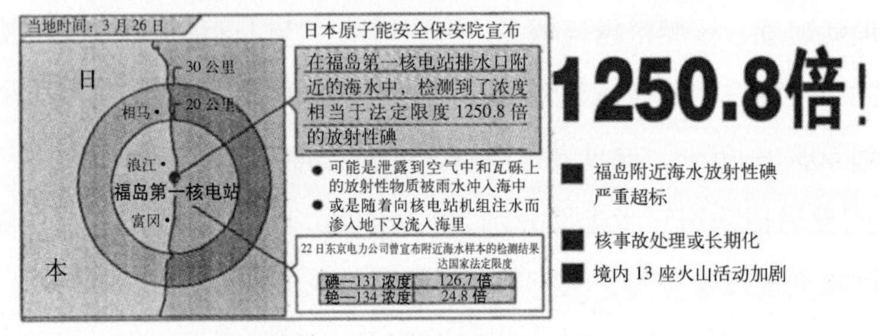

图 18（b）3 · 11 地震后第 11 天日本原子能
安全保安院宣布的放射性情况

ITER 实验堆高度为 24m，直径 30m，计划产生等离子体的体积为 840m^3，维持时间为 400s，聚变能 500MW，输出与输入能量比最低为 10 ： 1，最高可达到 30 ： 1。

一个崭新的无污染可持续发展的能源开发的新阶段到来了，中国正走在这个行列里。

核电站的安全问题从一开始人们就给予了高度关注，国际原子能机构给出了人类日常生活中可能受到的核辐射，见图 18（a），表明核电是安全的，但 2011 年 3 月 11 日（简称“3 · 11 事故”），日本福岛发生了高达 9 级的强地震，并同时引发了海啸，海水冲过防波堤造成了严重的灾害。

受影响最大且出人意外地是以海啸为主引发的核事故，其中福岛第一核电站 6 个机组中有 4 个受灾，第二核电站 4 个机组全部受灾。此外，还有附近的女川核电站和东海的第二核电站。核电防震问题应该说全世界早已十分关注并有一定预防措施，但这次海啸漫过电站进水致使核反应堆无法关闭继续反应，不得不采用海水降温，造成海水及周边土壤的严重污染。截止到 4 月中旬公布的数字“3 · 11 事故”死亡 1.3 万人，而失踪人数也大致有 1.3 万人。图 18（b）给出了地震后第 11 天测到的放射性状况，远远超过安全的正常值。一个未曾料及的因海啸而引发的核安全问题提到日程上来了。

3.2.2 风能和太阳能

我国陆地上 50m 高度以上风能可达 23.8 亿 kW 装机容量，沿海 5m ~ 25m 水深线以内近海平面 50m 以上可装机 2 亿 kW。太阳能据测算我国陆地每年接收太阳能理论值达 1.7 亿标准煤，我国有着发展风能和太阳能的广泛天地，经过近年的号召和政策上的支持，截止到 2010 年 4 月我国风电装机总容量已达 1758 万 kW(接近一个三峡电站的总装机容量)。太阳能用于发电则仅为 23 万 kW 的装机容量，距离可利用值相差甚远。

风能利用在世界范围发展是较快的，截止到 2006 年底全世界风能装机容量高达 7500 万 kW，是继火电、水电、核电之后的第四大发电能源，预计 2015 年风能发电可占全球总发电量的 3%。

改革开放之后特别是中央提出关于发展低碳经济，保持可持续发展之后，风能发电有了一个突飞猛进的发展，图 19(a) 提供了一个吐鲁番风力发电厂吊装风机的场景。图上显示风力发电机本身就是一个特种结构，一根高达 100m 以上的直杆顶部还有一个巨大的风扇 (可与图片上现场的工作人员对比一下) 这个结构的稳定、强度、倾覆都要力学分析和力学实验来解决，众所周知，中国吐鲁番地区有很强的可供利用的风能资源，

图 19(a) 工人正在吐鲁番风力发电厂吊装风机

图 19(b) 浙江岱山县风力发电厂

图 19(c) 大理者磨山风电厂

目前已划出 15km^2 的大型风电场区，预计 2020 年装机总容量可以超过 1500 万 kW 是亚洲最大的风能基地。图 19(b) 是一幅浙江岱山县风力发电厂的图景，该厂共装有 48 台风电机，图 19(c) 是一幅大理者磨山风电厂的壮观场景。

值得一提的是我国风电设备的制造已

图 20 正在装船的风电塔架出口美国

具有相当的水平并且出口国外，图 20 是我国制造的 100m 高 2.5MW 级的风电塔架正在装船出口美国，仅江苏连云港某金属制品公司近期已出口多达 70 套巨型风电塔架。

太阳能利用我国发展最早的是太阳能热水器，多用于供应日常生活用的热水，近年开始发展太阳能供暖、太阳能发电。北京于奥运会前夕建成的北京南站，详见图 21(a)，就是一个太阳能利用较好的建筑，该站由中英联合设计是亚洲的第一大站，一个凸形的巨大的顶盖上布设 3264 块太阳能光伏电池板，年发电 18 万 kW·h 可代替 60 万 t 标准煤，减排废气 100 多 t。

太阳能发电目前常用的有两种：一为光伏发电；二为热发电。与光伏发电相比，太阳能热发电没有生产太阳能电池带来的高能耗、高污染问题，设备生产过程清洁、发电规模效益好。在太阳光短缺的时候，太阳能热发电的储能系统还可以维持电站 2 ~ 3d 正常运行，易于保持输出电流的稳定性，也容易解决并网问题，这是风力发电和光伏发电所不具备的优势。

根据集热方式不同，太阳能热发电分为点聚焦和线聚焦种方式。点聚焦以塔式和碟式为代表，是将大量反射镜排列成矩阵，把太阳光聚焦到一个点上，使温度提升至近 1000℃，图 21(b) 给出了一幅塔式聚焦太阳能热电站示意图。线聚焦以槽式和菲涅尔式为

图 21(a) 北京南站鸟瞰

图 21(b) 塔式聚焦太阳能热电站示意图

代表，是将大量反射镜排列为一行，把太阳光聚焦到一条直线上，使温度提升至 300 ~ 400℃。

我国目前是光伏发电与热发电并行发展，由于光伏技术比较成熟且目前成本又较低，故光伏发电采用的较多，今后已强调要大力发展太阳能热发电技术，计划 2010 年热发电总容量达到 5 万 kW。

3.3 具有战略意义的重大项目和举措 [11 ~ 39]

中国国土大、人口多、周边邻国多，近百年来饱受外来侵略，内战频繁，1949 年中国人民终于站起来了，要真正立足于世界民族之林，必须尽快做到民富国强。1978 年改革开放以来开展了一系列具有重大战略意义的建设和举措，令人振奋，这些项目是举国上下各行各业、各个学科共同努力的结果，力学自然也包括在内，且常常起较大的作用。

3.3.1 南极考察

自 20 世纪中叶全球范围掀起了一股南极考察热，表面上是一项科学研究，但骨子里是谁都不愿意点破的内心秘密，即对南极大陆瓜分主权领域以及今后资源开发的需要，至少是一个展示国家实力的表现。建国后由于众所周知的原因对南极考察我们没有采取

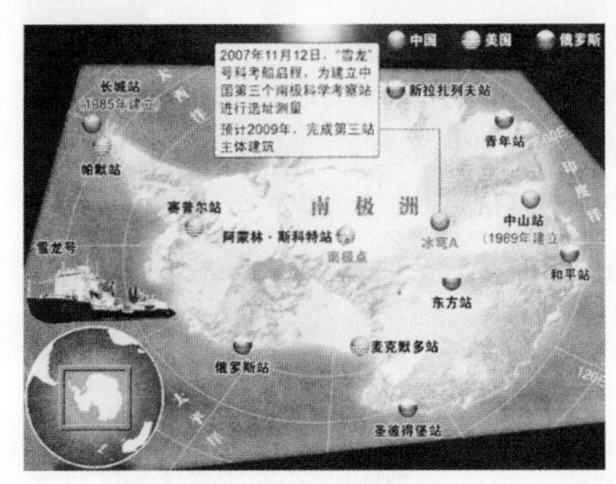

图 22 各国分布在南极的考察站

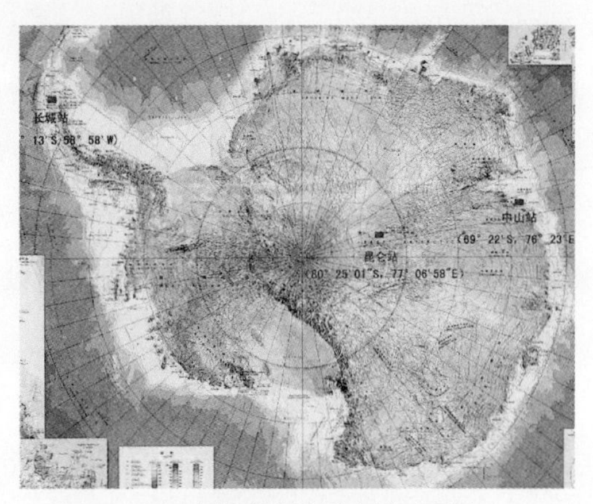

图 23 中国南极考察站昆仑站示意图

图 24 2009 年 1 月 15 日昆仑站主体钢结构安装完毕

任何行动，改革开放后，1985 年我们首次进行了南极考察活动并于当年 2 月建立了中国第一个南极观测点长城站，该站实际并不在南极大陆区而是在接近大陆的西北冰盖上，见图 22、图 23。1989 年 2 月我们又建成了第二个观测点中山站，该站处于南极东边大陆的边缘区，但仍不在南极大陆圈之内，2009 年 2 月我们在南极大陆中心冰穹 A 建成了昆仑站，该站处于南极大陆中心，见图 23。目前全球共有 28 个国家建立了 53 个考察站，只有 7 个（美、俄、日、法、德、意、中）国家建立在南极大陆圈内，见图 22。中国的昆仑站海拔最高达 4093m。

图 24 是中国南极昆仑站钢结构安装完毕的照片，该站于每年南极的夏季（1 月份）可以容纳考察人员 15 ~ 20 人正式工作。

3.3.2 青藏铁路

我们把青藏铁路的建设放在这里介绍，除了建设上体现高技术水平之外，还在于它建设的初衷首先是国防的需要。根据运量有一个大致的测算即年运量要大于 500 万 t ~ 1000 万 t 修一条铁路才合算，当年通向西藏的货运量是不大的（但没考虑到后来的旅游热引发的需求）单从货运量测算似乎修一条铁路并不合算，但我国必须修建。

早在 100 多年前孙中山的建国方略首次提出建设青藏铁路，建国后 1950 年青藏线一期工程（西宁 - 格尔木）开始动工兴建，全长 814km，建成后因当时经济实力及技术问题，从格尔木 - 拉萨的二期工程就搁置了。

2001 年 6 月 29 日格尔木 - 拉萨段青藏线的二期工程正式动工，全长 1142km，工期 5 年于 2006 年 7 月 10 日正式通车，至此，我国西宁 - 拉萨的铁路全线贯通，总长 1956km，是我国一条重要的国防线、经济线，开发建设西藏的重要铁路大动脉。

图 25(a) 青藏线上高高的桥墩耸立在羊八井大峡谷中

青藏线技术难度之大可以归纳为 9 个世界之最：① 青藏铁路是世界上目前海拔最高的高原铁路，穿越海拔 4000m 以上地段达 960km，最高点海拔为 5072m；② 青藏铁路是

图 25(b) 青藏线 拉萨－羊八井－当雄段雄姿

世界上目前最长的高原铁路，从格尔木－拉萨段，全长 1142km，穿越戈壁荒漠、沼泽湿地和雪山草原等三个独特的地质带；③ 青藏铁路是世界上目前穿越公里最长的高原铁路，其穿越多年连续冻土里程达 550km；④ 青藏铁路设有世界上目前海拔最高的火车站，唐古拉山车站海拔高达 5068m；⑤ 青藏铁路风火山隧道是世界上目前海拔最高的冻土隧道，隧道海拔 4905m，隧道全长 1338m；⑥ 青藏铁路昆仑山隧道是世界上目前最长的高原冻土隧道，全长 1686m；⑦ 青藏铁路清水河特大桥是世界上目前最长的高原冻土铁路桥，桥下有野生动物通道，全长 11.7km；⑧ 青藏铁路冻土地段时速将达到 100km，非冻土地段时速将达到 120km，这是目前火车在世界高原冻土铁路上的最高时速；⑨ 青藏铁路安多铺架基地海拔 4704m，是世界上目前海拔最高的铺架基地。

图 26(a) 藏民喜迎首发列车

图 26(b) 沿青藏线上有众多的旅游景点

图 25(a) 给出了青藏线上施工难度较大的一段长大下坡道的桥墩景观，正常铁路下坡为 3‰，由于羊八井地区坡度极大，高达 12‰ ~ 20‰，故架设了 24m 梁 42 孔，32m 梁 146 孔，该图是一个局部桥墩的雄姿。从图 25(b) 可以看出羊八井是靠近拉萨的一段峡谷。

青藏线的建成大大促进了西藏的发展，可以大致归纳以下的 5 点：

① 2005 年 10 月试运行，陆续以 200 余辆车满载大米、面粉、煤炭、钢材、化肥等援藏物资，平稳运抵拉萨；图 26(a) 展示了藏民手摇法轮喜迎首发列车；

② 保证了西藏区域的全面发展，运输制约发展的瓶颈被打破，大大降低运输成本；

③ 西藏矿产资源得到开发，西藏盛产铬、锂、硼、刚玉、白云母均居全国第一，其中铬储量占全国 90%，锂储量占全世界 50% 以上；

④ 产业结构调整，野生动植物资源、医药资源得到开发，促进居民思想观念转变；

⑤ 西藏是世界罕见的高原旅游胜地，今后最有发展前景，详见图 26(b)，2006 年 7 月刚通车当年旅游收入就高达 26 亿人民币。

3.3.3 西气东输

1. 第一条西气东输管线

西气东输在运输业属于管道运输，一般是输运液体、气体或散体，常用于输油、输天然气、输液化煤粉等，我们把西气东输列在这一节来介绍是因为这条管线是一条技术含量很高的工程而且也是我国重要的经济命脉线。图 27 给出了该线的示意图，全长 4000km。跨越西藏、甘肃、宁夏、陕西、山西、河南、安徽、江苏、浙江和上海等 10 个省(市)区，该线 2002 年 7 月开工已于 2004 年 12 月正式运营。其难度和技术难点可以概括为 9 项：① 距离最长 4000km；② 管径最大 1016mm；③ 管壁最厚 26.2mm；④ 投资最多，1500 亿元；⑤ 运营压力最大，输气压 10MPa(目前我国正运营的平均不足 6MPa)；⑥ 输气量最大，初期年输 120 亿 m^3，2010 年 200 亿 m^3；⑦ 钢材等级最高，采用针状铁钛体 Z70，用钢 200 万 t；⑧ 经过的地质条件最复杂，沿路穿过沙漠、戈壁、山区、丘陵、盆地、黄土高原和农田水网，40% 地区地震烈度超过 7 度；⑨ 施工难度最大，穿越吕梁山、太行山、太岳山，经湿陷黄土，穿河 14 次(长江、淮河 1 次，黄河 3 次)、铁路 35 次、公路 421 次以及江南城镇繁华地区等。

这条横亘东西的能源大动脉有效地缓解了东部发达地区的动力需求，该管每年输气达 170 亿 m^3，可替代 2200 多万 t 标准煤，少排放 104 万 t 有害物质。

2. 第二条西气东输管线

这条管线媒体常称之为“西气东输二线”，其走向与第一条管线大体相当，2009 年 2 月 7 日正式开工，这项工程是世界金融海啸到来之时一项增进民生、扩大基础设施、拉动内需的综合性工程。

1） 带动投资约 3000 亿

作为当今五大运输形式之一的管道运输建设，对内需的拉动作用是非常直接的。西气东输二线工程投资约 1420 亿元，预计能拉动地方超过 3000 亿元的投资。

西气东输二线工程的钢材全部实现了国产化，未来三年内全线将需要 500 万 t X80 钢材，将全部由武钢、宝钢、鞍钢生产，按合同价约合 365 亿元。因此这一项目对上述钢铁企业也是一次难得的发展机会。

2） 建成后年增供气 300 亿 m^3

西气东输二线气源自中亚地区进口，建成后我国每年将新增 300 亿 m^3 的天然气供应量，相当于 2007 年全国天然气供应量的一半，这不仅将使沿途 4 亿人口受益，而且会进一步改善我国能源结构，使天然气在我国一次能源消费比例中由现在的 3.5% 提高到 5% 以上。

从全球能源利用的发展趋势看，天然气在一次能源中的比例已达 24%，而我国天然气在一次能源消费中的比例仅为 3%。据国土资源部油气资源战略研究中心专家透露，2004 年以来我国天然气产量以年均将增 100 亿 m^3 速度递增，2007 年天然气产量达到 693.1 亿 m^3，列世界第八位，2008 年我国生产天然气 760.82 亿 m^3，与上年相比增长 12.3%。

西气东输二线工程建成后，将把从中亚地区进口的天然气源源不断地送往管道沿线及华中、长三角、珠三角等地区，这无疑会提升他们的生活质量。它对我国节能减排的意义也十分重大。以深圳为例，西气东输二线工程建成后，如果将当地的公交车、出租车全部改烧天然气，仅此一项就可减少污染物排放 40 万 t 以上，替代成品油 50 万 t。深圳如此，全国的数据就更可观，预计每年可减少二氧化碳排放 12930 万 t，减少二氧化硫排放 144 万 t、氮氧化物排放 36 万 t、粉尘 66 万 t。

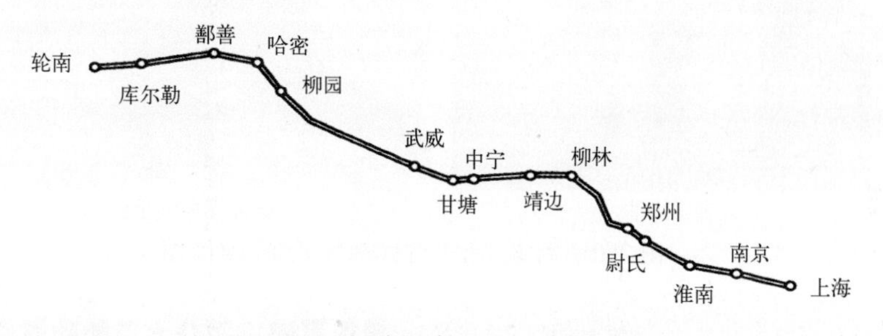

图 27 西气东输平面示意图

3.3.4 海上采油

我们没有把海上采油列入新能源那一节而列入这里是因为石油不应属于新能源，但海上采油应属于高技术的产业。

由于石油的巨大需求而大陆油田大都已探明并进行了相当规模的开采，向海上发展几乎是个必然趋势。早在二战结束后，1947 年墨西哥湾建造了全球第一座采油平台，至今全球已有采油平台上万座，形式也因水深不同而异，图 28(a) 给出了不同深度采用不同采油平台的示意图，图 28(b) 给出了固定式和悬浮式两种平台的鸟瞰图。

采油平台由于在海上建造海上操作，环境是相当恶劣的，首先是力学环境，风、浪、流、冰、潮汐，还有海生物侵蚀，氯离子腐蚀等，一般海上采油平台要承担钻探、开采、生产、

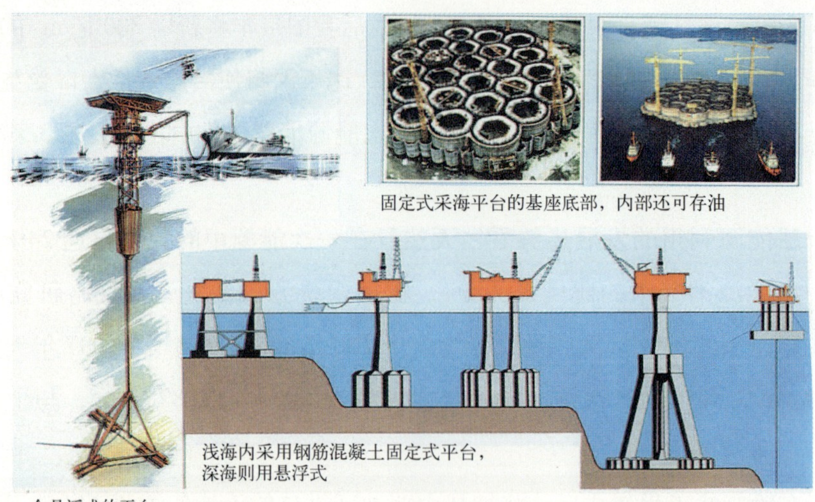

图 28(a) 不同深度选用不同的采油平台

固定式采油平台

悬浮式采油平台

图 28(b) 固定式和悬浮式两种平台的鸟瞰图

图 28(c) 东海某采油平台

图 29 墨西哥湾泄漏原油一个多月之后的统计

储藏（至少要短期储藏）。多建在海面下深度30m ~ 200m不等，设计浪高20m ~ 40m不等，由不同地区的海浪决定。基础外直径由受力条件及油田的储量决定，多为80mm ~ 200m不等，可供储油50万桶~ 200万桶(1桶=136kg=159L)。我国早在20世纪60年代就开始海上采油，图28(c)是东海的一个采油平台。

我国在渤海湾建造海上采油平台最多，至今已多达50余座，由于海上采油平台的环境极其恶劣，事故较多，1964年和1965年两年间墨西哥湾共有22座平台因飓风倒塌，我国1969年渤海2号采油平台被海冰推倒死亡数十人，2010年7月份墨西哥湾出现了严重的井喷漏油长达数周采用各种方式堵漏都难以奏效，以致该油井的所属公司英国石油公司的总裁辞职答应赔偿数百亿美元，图29是在堵漏工作接近尾声时美国内政部发布的统计数字，已经有490万桶原油流入墨西哥湾成为美国历史上最严重的环境灾难。

我们可以毫不夸张地说海上采油是一项现代兴起的高技术产业且许多难题均与力学有关，我国早已成立了海上采油总公司，目前我国拥有海上采油平台近百座，分布在渤海、黄海、东海、南海，其中渤海最多。

3.3.5 舰船制造业

1.维护海上主权我们把舰船制造业放在“3.3节具有战略意义的重大项目和举措”中来介绍也是不得已而为之，它是我国面临的严峻问题，自2010年韩朝天安号事件之后，美韩居然在中国黄海进行军演，美国出动两艘航母，近期（约在2010年8月~ 9月）还要再次进行演习。近年来我国东海因采油问题与日本争议很大，南海则更为严重，在美国的支持下南沙群岛的有关国家军事挑衅不断，而且公然建设采油平台进行开采，我国曾多次提出抗议亦不见效。传闻（其实早已不是“传闻”）我国正在建造自己的航空母舰，我个人是持一个相信并支持的态度，由于此议尚未见诸官方报端，我只好从我国造船业和港口业来阐述，供读者参考。

人民日报2010年8月6日在一个不显眼的地方披露了南沙群岛的资源状况和战略地位。

南沙群岛位于北纬3°37′到117°47′的西太平洋上，由550多个岛屿、沙洲、暗礁、暗滩和暗沙组成，它们大部分由珊瑚构成。南海东北临西太平洋，西南经马六甲、巽他等海峡与印度洋相通，是太平洋通向印度洋的海上交通要道，是远东通入东南亚、非洲、欧洲和大洋洲的必经之地，是世界海上运输的咽喉地带，战略地位重要。西方国家70%的战略物资运输要经过南沙海域，我国通往世界的40多条海上航线，有30多条要经过这里。目前已经探明，南海海底蕴藏的油气资源达225亿t，大体相当于8个大庆油田，被称为“波斯湾第二”。随着油气资源的发现与开采，南沙群岛及其附近海域已上升为国际热点、焦点地区。美国海军已宣布，在战时16个战略咽喉点中，南沙地区有2个（马六甲海峡、巽他海峡）。

这一段介绍至少读者可以明白为什么近年来这个地区有如此重大的争议和争端，历史上早已标明这是我国的神圣领土，卧榻之上岂容他人鼾睡！

2. 中国是造船大国

造船业是我国新兴的基础支柱产业，目前全世界有30%的船是中国制造，位居世界第三。据工业信息化部透露，2008年1月～12月，全国规模以上船舶工业企业完成工业增加值1183亿元，同比增长61.2%；实现利润总额283.4亿元，同比增长50.5%。2008年全国造船完工量2881万载重吨，同比增长52.2%，占世界市场份额由2007年的22.9%提高到29.5%；新接订单和手持船舶订单分别为5818万载重吨和20460万载重吨，占世界市场份额的37.7%和35.5%。国务院在2009年两会期间已将造船业列为我国制造业中的重点产业。为了扩大再生产，我国著名的拥有143年历史的江南造船厂，于2008年整体搬迁至长江入海口处的长兴岛，目前已完成一期工程，占地560公顷，建筑面积110万m^2，使用岸线3.8km，分为3条造船生产线，共建设大型造船坞4座，其中最大船坞长580m，宽120m，配置7台600t以上龙门吊，总投资约160亿元。

目前海运船舶常用的为集装箱船、油船、散货和杂货船四大类，后两种船多以运输矿石，粮食，煤碳等为主。这4大类总吨位占世界商船队的94.4%。单艘船的吨位日益增加，油船最大吨位已达30万t/艘，其次是期货船，最大的已达25万t/艘，集装箱船则以载箱量衡量。目前最大的集装箱船装箱量已达6000～10000TEU(即集装箱)，图30是我国建造的第一艘1万集装箱船——中远川崎48号，已于2008年3月下水。

图31是我国自行研制的首艘液化天然气(LNG)运输船，运输天然气的船技术要求是很高的。运输船要保证在−163℃低温下，把天然气“压”成液态，成为液化天然气

图30 我国建造第一艘1万集装箱运输船——中远川崎48号于2008年3月下水

图31 我国自行研制的液化天然气运输船(2008年下海)

图 32 正在建造的船舶

(LNG)，还需要满足超长距离运输液化天然气的能力，LNG 船成为国际上公认的高技术、高附加值、高可靠性的产品。

这艘 LNG 船造价高达 1.6 亿美元，几乎等于五艘普通巴拿马型散货轮的总造价，而其钢材消耗量却仅相当于一艘 7 万 t 散货轮。整个船装载量为 14.721 万 m^3 液化天然气。全部汽化以后容量将达 $9000m^3$，天然气液化后的体积为气化状态下的 1/600)，相当于上海全市居民一个月的天然气使用量。

这艘世界上最大的薄膜型 LNG 船长 292m，宽 43.95m，型深 26.25m，堪称海上“巨无霸”。LNG 船要适应从常温到 −167℃的温度的剧变，内部有一套复杂的系统。其中，货舱维护系统由两层绝缘箱和两层薄膜组成，它是决定 LNG 船建造成败的关键。仅这一部分，需要的配套的零件就在 50 万个以上。

图 32 给出了一个正在建造的大型船舶的图片。其目的有三：其一是想说明船舶结构就是一个大型钢结构，所不同的是这个钢结构是建造在一个可以浮在水上的壳体内，而且壳体还需加设抵挡外水压力的垂直于船体的曲形支撑，这本身就是一个复杂的力学概念问题；其二是想说明造船业是吃钢大户，我国钢材的消耗除了土木之外，就是造船业了吧；其三就是土木工程专业和力学专业的毕业生去造船业求职是一个方向，因为从力学和结构方面来看，船舶结构力学与土木工程结构力学没有本质上的差别。

截至 2009 年底，我国拥有的运输船 17.69 万艘、14608.78 万载重吨，载重吨比上年增长 17.7%。海运船队比重为 8.3%。中国远洋运输 (集团) 总公司和中国外运长航集团有限公司分列总运力前三位。

船舶工业被誉为“综合工业之冠”。据统计，在国民经济116个产业部门中，船舶工业与其中的97个产业有直接联系，关联面达84%，其中尤以机械、冶金、电子等行业最为密切：每建造一万载重吨船舶可以解决船舶及其上游产业3000个就业岗位，预计2009年可以完成5000万载重吨，可以解决1500万人的就业岗位。“选择船舶产业作为调整振兴的十大产业之一，对当前应对危机、扩大内需、刺激经济发展将起到积极作用。”这个简单的统计还仅仅指得是与造船直接有关的行业，如果连同因造船而需要同步发展的建造港口、码头、船坞等都算在内，那基本上大部分都是土木工程这个行业和专业的事了。

3. 我国是港口航运大国

交通运输部披露截止到2009年底我国是港口航运大国，在全球货物吞吐量排名前10大港口中，中国稳占8席，上海港继续保持全球第一大港的位置。货物吞吐量超过亿吨的港口由上年的16个上升到20个，厦门、湛江、湖州、江阴四港首次进入亿吨大港行列。中国共有9个港口进入全球20大集装箱港口行列，其中大陆港口7个。图33是新扩建的青岛港正在装集装箱。

交通部同时还披露全国港口完成货物吞吐量76.57亿t，比上年增长9.0%，其中沿海港口完成48.74亿t，增长8.6%，内河港口完成27.83亿t，增长9.9%。从货种情况看，2009年我国规模以上港口外贸金属矿石进口吞吐量达7.04亿t，比上年增35.7%；煤炭进口量达12583.4万t，比上年增长211.9%；原油进口量加速增长，规模以上港口外贸原油进口吞吐量1.91亿t，比上年增长19.4%。但2009年我国集装箱吞吐量呈现负增长，集装箱吞吐量为12240万标箱，比上年减少4.6%。

图33 青岛港停泊的巨型集装箱船

请大家注意2009年中国进口煤炭12583.4万t，这充分显示中国已经开始注意保护自己的煤炭资源，从2010年7月开始我国煤炭大省山西已经开始逐步转型实现全面可持续发展的道路。

3.3.6 南水北调

1. 效益巨大

我国黄淮流域有以下一组数据：

① 人口 4.38 亿，占全国人口的 35%，其中城镇 1.4 亿，占 31%；

② 生产总值 3.1 万亿元，工业产值 4.5 万亿元，分别占全国生产总值和工业产值的 35% 和 31%；

③ 耕地 7 亿亩，灌溉 3.38 亿亩，占全国 42%；

④ 年人均综合用水量 307m^3，低于全国的年人均综合用水量 (438m^3)；

⑤ 年入海缺水 97 亿 m^3(黄河已连续 20 多年断流)。

无论人口，国内生产总值还是耕地面积等都占全国 1/3 左右，而亩均水资源和人均水资源却只占全国的 1/5，严重影响了这个地区的发展，更何况，该地区还有一个首都北京。

如此重要的地区严重缺水，而长江流域年均径流 9600 亿 m^3，其中入海流量 9024 亿 m^3，占 94%，这么多的水白白地浪费，而北方缺水又如此严重，所以早在 1952 年毛泽东就说过，“南方水多，北方水少，借点水来也是可以的”。

2. 技术难度大

就工程的技术难度大概南水北调是相当典型了，它是一项举世罕见的伟大的土木工程。图 34 给出了南水北调工程的总平面图。该工程分东线、中线、西线三条线，按 2000

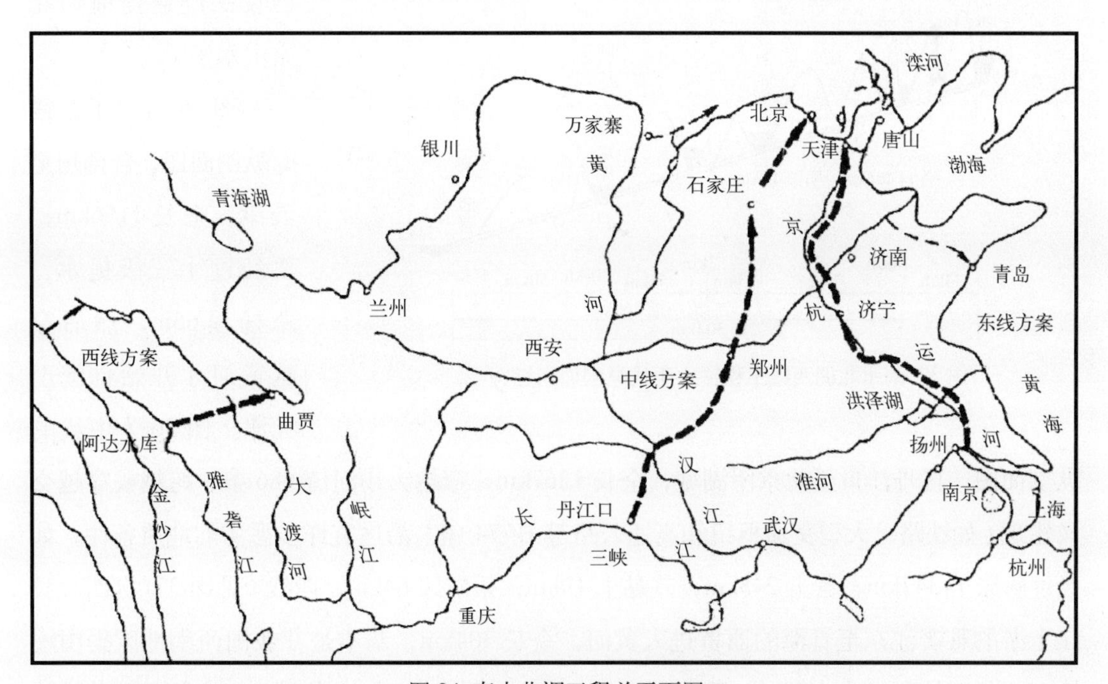

图 34 南水北调工程总平面图

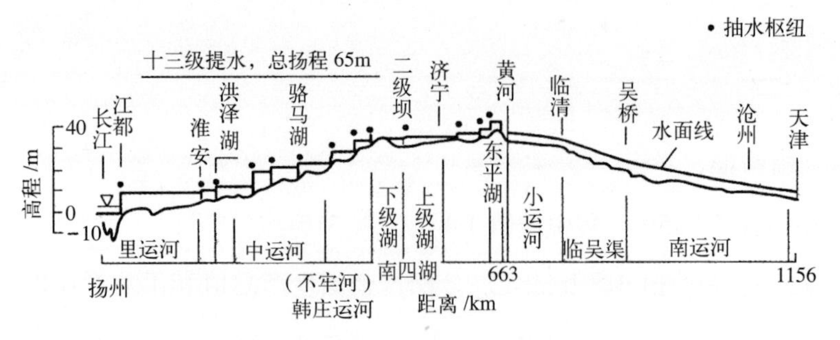

图 35 南水北调东线工程输水干线纵剖面示意图

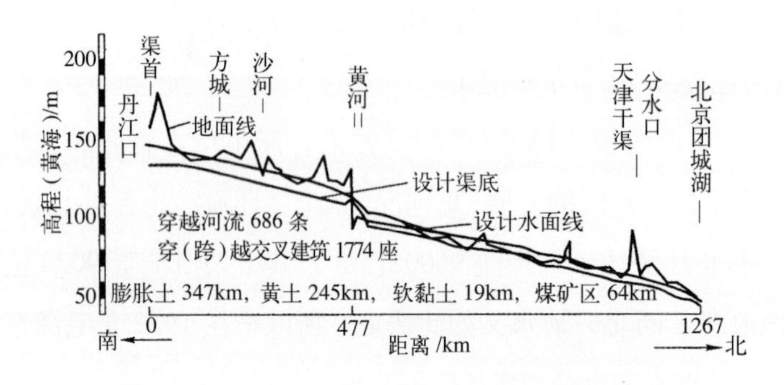

图 36 南水北调中线工程输水干线纵剖面示意图

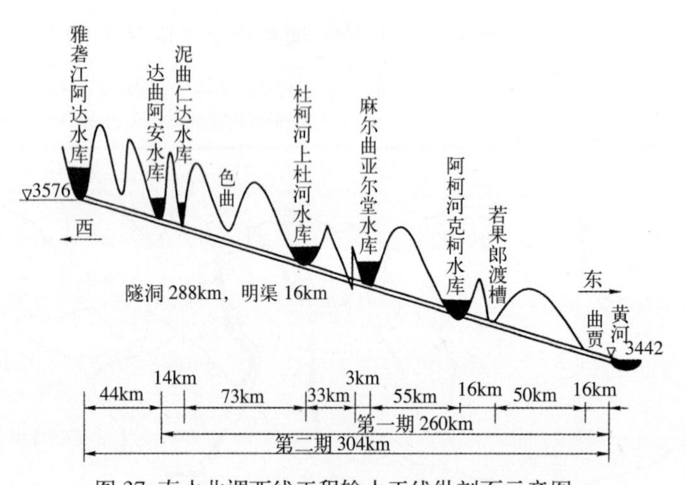

图 37 南水北调西线工程输水干线纵剖面示意图

年物价指数估算约需投入 5000 亿元，2050 年全部竣工后自长江流域向我国北方总调水达 448 亿 m^3，可谓一项改天换地的伟大壮举。

单项工程总投入之巨大是我国改革开放以来最大的一笔投入，按目前的北方对水的需求，以及应对当今全球经济危机的需要，可能还要加大投入提前投产，2008 年为了北京奥运的需要，东线的部分水段已设法绕道提前为北京供水了。

图 35 给出了东线的纵剖面图，自扬州至天津，全长 1156km，要经过十三级提水，总扬程 65m，然后穿越黄河才开始自流至天津。图 36 为中线的纵剖面图，自丹江口至北京团湖城，全长 1267km，穿越大小河流 686 条，跨越或穿越交叉建筑（如铁路、大型交通枢纽和高速公路等）1774 座、沿途有许多恶劣的地质条件，如经过膨胀土 347km，黄土 245km，软黏土 19km，采矿区 64km。西线（见图 37）自西藏长江上游的雅砻江东至青海的曲贾进入黄河，全长 304km，基本是在我国西南地区崇山峻岭之间靠开挖隧洞来实现的。隧洞总长达 288km，占西线全长的 95%，为了保证足够的

水量和落差，沿途还要修建多个高坝水库，有的坝高超过 300m，这在世界建坝史上也是少见的，特别是在高原、高寒和强震带修建这种高坝更属罕见。

3.3.7 三峡工程

三峡工程是一项集防洪、发电、蓄水、供水、通航等诸多效益于一身的巨大型水利工程。

长江三峡工程，最早由孙中山先生 1919 年在《建国方略·实业计划》中提出来的设想，经过 70 余年，尤其是新中国建国 40 余年来的反复讨论并经过多项基础性研究之后，终于在 1992 年由我国全国人民代表大会通过列入国民经济和社会发展十年规划，由国务院组织实施。它是我国目前最大的水利工程，也是世界上最大的水利枢纽工程之一。1994 年开工，2008 年竣工，工期 14 年，总投资 1800 亿人民币。

三峡拦江大坝是常规型的混凝土重力坝，最大坝高 175m，坝顶高程 185m(吴淞基面以上)，坝长 2309m，总水库容量 393 亿 m^3，其中防洪库容 221.5 亿 m^3，能有效地控制长江上游暴雨形成的洪水，对荆江地工防洪起重要决定作用。

三峡水电站规模巨大，装机 26 台，总容量 1768 万 kW，年发电 840 亿 kW · h，居世界第一位，可供电华中、华东，少部分送川东。每年可替代原煤 4000 万 t ~ 5000 万 t，相当于 10 座大亚湾核电站。

三峡通航建筑物为永久梯级船闸，双线，5 级梯级船闸，闸室有效尺寸 280m × 34m × 5m，其最大工作水头和最大输水量超过国内外已建工程的水平。通航年单向通过能力为 5000 万 t，可改善航道约 650km。图 38 是三峡工程鸟瞰的全景，右边是通航的五级船闸，中间是大坝包括泄洪和发电站。

三峡工程施工的最大特点是规模巨大：其中仅浇筑混凝土总量就多达 1800 万 m^3，用钢材和钢筋约 50 万 t ~ 60 万 t。三峡水库是集防洪、发电、航运等于一体的大型水利工程，图 39 是三峡水库 2008 年 7 月泄洪的壮观景色。图 40 是 2010 年 7 月中下旬由于长江上游大雨 9 个泄洪口全开启的壮观景色。

图 38 三峡工程鸟瞰的全景

图 39 三峡水库开闸泄洪

图 40 2010 年 7 月中下旬泄洪的情况

2009 年两会期间，人民日报披露了三峡工程已取得的成绩和效益，作者抄录于此：

截止到 2009 年 3 月 7 日 23 时，三峡电站已累计发电 2969.55 亿 kW · h，清洁能源惠及约半个中国。通过三峡坝区的货运总量累计已过 2.9098 亿 t，超过三峡水库蓄水前葛洲坝船闸通航 22 年过闸货运量的总和。三峡工程使长江防洪的标准，由十年一遇提高到了百年一遇。中国水电装备的水平，因三峡工程实现了跨越发展。

图 41 三峡大坝旅游的情景

三峡还是个旅游胜地，图 41 是三峡大坝旅游的情景。

三峡有两个值得高度关注的问题：一是地质灾害，我国西南地区特别是三峡上游地区，库区两岸崩滑体 2490 处，大小泥石流 90 多条，仅 1998 年宜昌 – 江津 19 个县市发生地质灾害涉及 513 个村，受灾人口 8 万，损失 6.1 亿，今年 2010 年长江上游大雨，多处发生泥石流至今尚未见统计数字；第二个值得关注问题就是库区水质污染问题，大都低于Ⅲ级有的甚至达到 V 级。

3.3.8 小浪底水库

黄河小浪底水利枢纽工程位于河南洛阳市以北 40km 黄河中游最后一段峡谷的出口处，坝址以上控制流域面积 69.4 万平方公里，占黄河流域面积的 92.3%，总库容 126.5 亿 m^3，其中长期有效库容 51 亿 m^3，淤水库容 75.5 亿 m^3，是黄河干流在三门峡以下唯一能够取得较大库容的地方，可以有效控制水流量。小浪底水利枢纽土建工程由拦河主坝、泄洪排沙系统和引水发电系统三部分组成。拦河主坝是一座坝项长 1667m，坝底宽 864m，最大高度 154m 的壤土斜心墙堆石坝，总填筑方量 5185 万方，在全国首屈一指，名列世界前八位；泄洪排沙系统包括进口引渠及由 3 条直径为 14.5m 的孔板泄洪洞（前期为导流洞），3 条直径 6.5m 的排沙洞，3 条断面尺寸为 10m × 11.5m ～ 10m × 13m 的明流洞，1 条灌溉洞、1 条溢洪道和 1 条非常溢洪道组成的洞群，在洞群的进水口和出水口，分别建有 10 座一字型排列的进水塔和 3 个集中布置的出水口消力塘，进水塔群的规模和复杂程度在世界上首屈一指，出水口消力塘总宽 356m，底部总长 210m，深 25m，是目前世界上最大的出水口建筑物；引水发电系统由 1 座长 251.5m、宽 26.2m、高 61.44m 的地下厂房和 6 条直径为 7.8m 的引水发电洞、3 条断面尺寸为 10m × 19m 的尾水洞、1 座主变压器室、1 座尾水闸门室、两层围绕厂房的排水廊道及交通洞等地下洞室组成。其中地下厂房是目前国内跨度和高度最大的地下厂房之一。小浪底水利枢纽工程规模宏大，地质条件复杂，水沙条件特殊，运用要求严格，被中外水利专家称为世界上最复杂、最具挑战性的水利工程之一。

小浪底工程是集“防洪、防凌、减淤，兼顾供水，灌溉和发电”于一体的综合性大型水利工程，1994 年开工，2001 年完工，工期 7 年，工程难度极大。最值得称道的是在不足 $1km^2$ 的单面山体内，上下左右，纵横交错地开挖出 108 个洞室，构建了世界上地下洞群最密集的水利工程。小浪底的建成可以说是实现了黄河由“害河”变为“利河”的伟大创举，图 42 是小浪底水库坝后的旅游区的景色。

1. 防洪——下游防洪标准由几十年一遇提高至千年一遇。小浪底水库总库容 126.5 亿 m^3，控制了黄河几乎 100% 的泥沙和 91% 的径流量，大大减轻了黄河下游的防洪压力。如遇千年一遇洪水，通过小浪底水库拦蓄调节，可使下游洪峰流量从 $22000m^3/s$ 削减至 $1000m^3/s$，将黄河下游防洪标准从不足 60 年一遇提高至千年一遇。2003 年 8 月的秋雨，如果没有小浪底的调蓄，黄河下游河道流量将达到 $6000m^3$，滩区 100 多万户将受淹。

2010 年 7 月 8 月黄河中上游普降大雨，小浪底水库在 8 月份连续三次泄洪，图 43 为 8 月 18 日泄洪的壮观景色。

图 42 小浪底水库坝后的旅游区的景色

图 43 小浪底水库泄洪，为黄河减压

2. **防凌**——黄河地处北方每年冬季都是要结冰。从上游到下游几乎没有不结冰的河段，每年开春冰凌下泄成了一年一度的不可避免的灾害，建国后每年都要由解放军协助爆破炸凌，小浪底水库作用之一就是解除下游凌汛威胁，让下游人民高枕无忧。

3. **抗旱、洪水**——让黄河告别断流。自 20 世纪 70 年代以来黄河有 22 次断流，举世震惊，严重影响下游地区经济的发展和人民的日常生活，小浪底投入运营以来，截止到 2007 年底，累计下泄水量 1807 亿 m^3，每年利用水库调节平均增加供水 40 亿 m^3 以上，截止到 2010 年连续 10 年实现黄河不断流。

4. **减淤**——2000 年～2006 年，小浪底水库进行了 9 次调水调沙，使黄河下游主槽全面冲刷，主槽过流能力从 1800m^3/s 提高到 3500m^3/s，约 6 亿 t 泥沙被冲入海，2010 年 6 月～7 月利用上游大量来水进行了一次大规模排沙，详见图 44。

5. **发电**——自 2001 年竣工至 2008 年 8 月底，小浪底水电站累计发电 354.18 亿度，相当于节约标准煤约 1175.8 万 t，减少排放二氧化碳 3233.5 万 t、二氧化硫 22.08 万 t。

图 44 黄河小浪底排沙出库

"害河"变成了"利河"，以占全国 2% 的河川径流，支撑着全国 12% 的人口和 15% 的耕地的发展，引黄灌溉面积从解放前夕的 1200 万亩增长到今天的 1.1 亿亩，增加 90%，灌溉效益达 4000 多亿元。

小浪底水库的建成促进了黄河开始实施水量科学统一调度，黄河流域平均 GDP 耗水定额从 1997 年 560m^3/ 万元降至 2003 年的 309m^3/ 万元，降幅达 45%。"十五"

期间下游供水量比“九五”期间增加了57亿m^3，初步遏制了下游生态恶化的趋势。

治理黄河，既要治水，也要治沙。2002年以来，运用小浪底水库，连续8年调水调沙，将5亿多t泥沙输入大海，有效延缓了黄河下游淤积，扭转了黄河下游河床逐年抬高的局面。

所谓调水调沙通俗一点就是在充分考虑黄河下游河道输沙能力的前提下，利用水库的调节库容，对水沙进行有效的控制和调节，适时蓄存或泄放，调整天然水沙过程，使不适应的水沙过程尽可能协调，以便于输送泥沙，从而减少下游河道淤积，甚至达到冲刷或不淤的效果，实现下游河床不抬高的目的。

在调水调沙大流量过程中，还成功进行了黄河三角洲生态调水暨刁口河流路恢复过水试验。截至目前，刁口河累计进水2309万m^3。遥感数据对比显示，河口湿地水面积增加6.84万亩。

3.3.9 大型场馆建筑

20世纪50年代全面学苏时，厅堂场馆（大剧院、音乐厅、体育场、比赛馆等）及房屋建筑统称为“工业与民用建筑”，1978年改革开放之后，这种称呼有的已逐渐改变，代之以“结构工程”或“房屋结构”或“建筑结构工程，……”，但专业课的名称和内容大体都没有什么改变，只是随着时代和科技进步，增加了一些与时俱进的分析方法（计算机分析）和建设手段而已。

我国近年来大型特殊需要的厅堂楼馆有鸟巢、水立方、国家大剧院及T3航站楼等。

1. 鸟巢

“鸟巢”差不多成了北京奥运会的象征，一提起鸟巢，人们几乎都能与2008年在北京举办的奥运会联系起来。

鸟巢即国家体育馆，其钢结构由24榀门式桁架围绕着体育场内部碗状看台区旋转而成，其中22榀贯通或基本贯通。结构组件相互支撑形成网格状构架，组成体育场整体的“鸟巢”造型。鸟巢结构平面呈椭圆形，长轴332.3m，短轴296.4m。建筑顶面为鞍形曲面，最高点高度68.5m，最低点高度40.1m。屋盖顶部的洞口尺寸是185.3m×127.5m。屋盖支承在24根桁架柱之上，柱距为37.9m。主看台采用钢筋混凝土框架剪力墙结构，与钢结构完全分开。

鸟巢钢结构的设计问题除了结构及构件静力承载力校核外，主要是结构的抗震设计及抗震设计指标的确定。体育场的基本构件呈箱形截面形式，由四块板焊接而成。出于建筑效果的要求，其主桁架的截面尺寸最大为1200mm×1200mm，次桁架的截面尺寸为1000mm×1000mm和1200mm×1200mm，以保证主次桁架在建筑视觉上基本协调。

鸟巢在建设过程中，经过了一次号称“瘦身”的改动。原设计鸟巢上方有一个巨大

图 45(a) 2008 年 6 月 28 日，国家体育场——“鸟巢”全面竣工，图为鸟巢外景

图 45(b) 北京奥运主场馆鸟巢夜景

图 46 鸟巢一幅合成图

图 47 奥运场馆航拍

的可以开启的顶盖，这个顶盖从使用上来看只是为开幕式碰上下雨而内部可以照常进行开幕活动需要的，比赛过程是一定要打开的，因为按比赛规定象足球等这样的比赛活动，有了安排之后，原则上不论是否下雨是一定要照常举行的，而且这也是一种“雨中比赛”的记录，但观众席一般要设置防雨罩。考虑到这种比赛的实用功能，同时也为了降低造价，中国工程院发起近乎全国有关学者的讨论，最后决定取消上面那个庞大的顶盖，使原来设计用钢量 8 万多 t 降为 4.2 万 t，造价由招标时的 40 亿元人民币降为 31 亿元，这个“瘦身”运动受到业内人士的普遍欢迎和认可，中央发改委也大力支持。

鸟巢是实用的，在建筑学上也是很漂亮的，这里提供几张照片供大家欣赏。

图 45(a) 是鸟巢的鸟瞰图，图 45(b) 是一幅鸟巢的夜景，图 46 是一幅加工过的合成图，图 47 是一张奥运场馆航拍图，正面的主建筑是鸟巢，左上侧方形建筑是用做游泳馆的水立方。

2. 水立方——奥运游泳中心

水立方是专为游泳、跳水等比赛而建造的奥运场馆，结构部分与普通的钢结构没有多大的差异，它的特点是从上到下有一层半透明的漂亮的外衣，它是一种化学制品。近代随着材料学科的进步，建筑用材无论在品种和质量上，也日益提高和改善，随着膜结

图 48(a) 北京奥运游泳馆——水立方内部

图 48(b) 奥运场馆"水立方"五颜六色的彩灯在夜色中交相辉映

构的发展，多种透明、半透明、全透明、折射型光彩透明的膜材料越来越多，花样也不断出新，"水立方"就是在这样一个科技背景下的产物，单单是这件事就足以可以说明土木行业与各行各业的不可分割性了，图 48(a) 给出了水立方的内部场景，图 48(b) 给出了不同灯光下的色彩的多变和美丽。

3. 国家大剧院

中国国家大剧院位于天安门广场，人民大会堂西侧，由国家大剧院主体建筑及南北两侧的水下长廊、地下停车场、人工湖、绿地等组成，总占地面积 11.89 万 m^2，总建筑面积约 16.5 万 m^2，其中主体建筑 10.5 万 m^2，地下附属设施 6 万 m^2。总投资 31 亿元人民币。

国家大剧院由法国建筑师保罗 · 安德鲁主持设计，建筑屋面呈半椭圆形，由具有柔和的色调和光泽的钛金属覆盖，前后两侧有两个类似三角形的玻璃幕墙切面，整个建筑漂浮于人造水面之上，行人需从一条 80m 长的水下通道进入演出大厅。国家大剧院工程于 2001 年 12 月 13 日开工，于 2007 年 9 月建成，见图 49。

图 49 国家大剧院

国家大剧院主体建筑由外部围护钢结构壳体和内部 2416 个坐席的歌剧院、2017 个坐席的音乐厅、1040 个坐席的戏剧院、公共大厅及配套用房组成。外部围护钢结构壳体呈半椭球形，其平面投影东西方向长轴长度为 212.2m，南北方向短轴长度为 143.64m，建筑物高度为 46.285m，基础埋深的最深部分达到 −32.5m。椭球形屋面主要采用钛金属板饰面，中部为渐开式玻璃幕墙。椭球壳体外环绕人工湖，湖面面积达 35500m^2，各种通道和入口都设在水面下。国家大剧院高46.68m，其60%的建筑在地下，地下的高度有10层楼高。

顶部壳体为空间钢结构，壳表面为0.4mm钛金属银色面板，壳中部为渐开式玻璃幕墙，椭球壳体直接座落于地下连续墙与外围护墙上，地下连续墙的深度约40m。

4.T3航站楼

原北京机场有1号、2号两个航站楼，本来已十分拥挤不堪重负，加之2001年中国申办奥运成功，又近一步加剧了扩建北京机场的需求，在经过多方论证的基础上，经国务院批准，一个总投资270亿元占地22200亩的3号航站楼（又称T3航站楼），于2004年开工建设，历时4年到2008年3月正式运营。

T3航站楼是一个完整的建筑群，它包括新建面积98.6万m^2的T3航站楼，一条（是首都机场的第三条跑道），长3800m，宽60m的跑道，配备世界上最先进的三类精密自动飞机引导系统。

到2015年，首都国际机场需满足年旅客吞吐量7600万人次（年旅客吞吐量较原项目建议书提升了1600万人次）、年货邮吞吐量180万t，年飞机起降58万架次（高峰小时飞机起降超过124架次）和F类特大飞机的使用要求。

T3航站楼是一个庞大的建筑群，从一端到另一端很难看到头。见图50(a)，它不仅是中国民航建设史上最大的工程，而且是目前最大的单体航站楼、最大的民用航空港。它是英国新建的将担负2012年奥运会运行任务的希思罗机场5号航站楼的两倍。比希思罗机场1、2、3、4、5号航站楼加在一起还大17%。

T3航站楼的建成，体现了首都机场三大目标：一是实现了枢纽机场功能；二是满足了北京奥运会的需要；三是创造了国门新形象。首都机场成为我国乃至亚洲首个三座航站楼、三条跑道、双塔台同时运营的现代化机场，滑行道由71条增为137条，停机位由164个增为314个，年设计旅客吞吐量由以前的3600万人次，增加为7600万人次，新跑道可供F类航空器使用，可保证目前世界上最大的A380客机顺利停靠，图50(b)提供了

图50(a) T3航站楼

图50(b) 首都T3航站楼飞机起降图

一幅飞机起降照片。国际枢纽机场的技术标准是，国际中转不超过 90min，国内中转不超过 60min。3 号航站楼基本达到国际中转不超过 60min，国内中转不超过 45min。前来参加奥运会的成员平均只用 40min 就完成了进入航站楼办理各种手续、提取行李乘坐专车离开机场的全过程。

3.3.10 高层与超高层建筑

1. 全球城市指数及评价

2010 年 8 月 18 日人民日报披露了全球管理咨询公司关于城市指数的排名。该指数采纳了文化、社会以及政治等各个层面的指标，力图更加全面地了解一个城市的全球地位，具体衡量标准包括全球影响力、人力资本、多元文化以及创新能力等综合指标。

在 2010 年全球城市指数排行榜中：美国纽约以其文化多样性位列第一；伦敦位列第二；人口最多的东京位列第三；艺术和建筑之都巴黎位列第四；中国香港居第五；堪称美国心脏的芝加哥位于第六；洛杉矶位列第七；新加坡位列第八；移民众多的悉尼位居第九；拥有全球最快互联网的首尔居于第十位。北京排名第十五，中国台北第三十九，上海、广州、深圳、重庆等城市也都上榜。

不同的咨询公司和不同的单位排名都略有差异，但称得上国际城市的必须是对全球的经济、政治、文化等方面具有重要影响力和国际声誉的现代化都市。首先是经济发展指标，大伦敦地区生产总值约占英国国民生产总值的 1/5，其中金融和商务服务业占伦敦产出的 40%。大巴黎地区生产总值占法国的 28%，商业和金融服务业占总产出近一半。

其次是经济开放与国际交流指标。一般来说，国际城市聚集了众多跨国公司总部、金融机构，是世界经济决策中心和资本运营中心。纽约、伦敦、东京证券交易所在不同时区的连续运营保证了全球金融市场 24 小时不间断交易。伦敦 1.4 平方公里的金融城聚集了 547 家外国银行、800 多家保险公司，180 多个外国证券交易中心，致使每天的外汇交易额达 6300 多亿美元，其国际债券二级市场的交易量占到全球的 70%，在外汇交易量、国际借贷总量、黄金交易量、海外证券交易量、海事与航空保险业务、基金管理总量以及海外客户境外资产管理等方面均居世界首位。

国际城市还是国际旅游中心和国际会展中心。巴黎每年接待的国内外游客超过 2700 万人次，举办国际会议约 200 个，是世界接待游客最多的城市，也是全球第一大国际会议中心。

第三是生活水平与社会发展指标。城市成为国内外人口流动的主要目的地，造就了国际城市人口和文化的多样性。在伦敦，你能听到超过 300 种不同的语言；纽约 36% 的居民出生在国外；15% 的巴黎居民是外国移民。即使在日本这个单一民族国家，东京的外籍居民自 2000 年以来不断增长，目前已 42 万人，占东京总人口的比例超过 3%。

国际城市还应是文化创意产业发达、知名演出机构和文化团体云集、传媒企业和出版集团中心，使得城市成为世界信息、文化生产和消费中心。纽约拥有 200 多种报纸和 350 多种传媒方式。即使是金融危机最严重的 2008 年，百老汇依旧为纽约市带来 51 亿美元的经济效益。伦敦的文化创意产业已经成为仅次于金融服务业的第二大支柱产业，占伦敦总产业的 16%。享誉世界的伦敦西区在不足 1 平方公里的范围内集中了 49 家剧院，2008 年的票房总收入达 4.8 亿英镑，观众 1380 万人次。戏剧演出带动餐饮、交通、住宿等消费，对伦敦地区生产总值的贡献超过 15 亿英镑。

国际城市通常对人类具有强大的集聚作用。在人口快速集中的过程中，城市建设和管理常常跟不上迅速增长的需求，导致各类基础设施的供给滞后于城市人口的增长，就会引发一系列的矛盾。

交通拥堵一直是首要问题之一。为了缓解交通拥堵，减少中心区的交通量，伦敦从 2003 年起对进入市中心指定区域的车辆收取每天 8 英镑的交通拥堵费。资源短缺特别是土地资源紧缺，还有治安管理力量薄弱，偶发事件多等等。

大城市病的关键不在于大，问题在于结构不合理和规划失当。只有有效整合周边与城市的优势，形成多中心式的城市结构，国际城市才能获得最佳的社会经济环境综合效益。

我们花如此多的笔墨来阐述一个城市的指标，其实是想说明城市为什么高层建筑林立，这是一个不可避免的问题，因为城市需要高度集约化，但是高层特别是超高层建筑其技术的保证则主要是力学、结构与材料的支持。

2. 高层与超高层建筑的发展背景

（1）城市集约度的要求，早期的部落群居和以后集市的出现，就已经是这个现象的体现，工业革命以后百万人口甚至千万人口的大城市差不多遍布全球了，人这么多又要近距离活动，首先想到的自然是向高处发展，每平方米的土地对 100 层的高楼来说至少是十几 m^2 了。

（2）1824 年英国的波特兰发明了水泥，不久 1856 年又生产出第一炉转炉炼钢。水泥钢材的发明和大量生产引发了一场土木工程的革命，高层建筑离开这些近代材料是不可想象的。

（3）力学理论和力学分析的发展导致了高层建筑体系的大改进。长期以来盖房子采用的框架结构体系。但在计算机不普遍的年代，工程师们没有工具进行复杂的计算，只能设计钢框架。

图 51 世界贸易中心双塔

美国杰出的营造大师、Skidmore Owings and Merrill 设计公司的 Falua Rahman Khan 博士实现了结构体系的革命。Khan 发明了筒体体系，包括框筒、桁架筒、筒中筒和束筒结构。Khan 创造性地提出了不同结构体系的适用高度。Khan 用计算机对筒体结构进行了大量的计算分析，研究筒体结构的可行性，提出了筒体结构的设计方法。

第一幢钢结构框筒高层建筑是在“9·11”事件中塌毁的纽约双塔世界贸易中心，见图 51，它有 110 层，417m 高，平面尺寸为 63.5m × 63.5m，柱距 1.02m，设置在平面中央的 47 根钢柱仅承受竖向荷载。该建筑 1973 年建成，用钢量仅 $186kg/m^2$，成为当时世界上最高的建筑。

此后 Khan 相继设计了钢筋混凝土桁架筒和束筒结构，第一个束筒结构是芝加哥的西尔斯 (Sears) 大厦，110 层，443m，1973 年竣工，用钢量 $161kg/m^2$，1998 年前一直是世界最高的建筑，至今仍然是世界最高的钢结构建筑。

Khan 发明的筒体结构是高层建筑发展史上的里程碑，是一次革命，它的创新是多方面的，它使现代高层建筑在技术上、经济上可行，也使高层建筑的发展出现了繁荣期。图 52(a)、图 52(b) 给出了不同结构体系适用的高度。

（4）高强混凝土的使用，高强混凝土是近 50 年来建筑材料方面最重要的进展，人们习惯于称C50以上的为高强混凝土，随着科技的发展现在实际使用中高达C80的也不罕见。高强混凝土用于高层建筑有许多优点：减小柱的截面，增大可用空间，降低层高，减轻结构自重，降低基础造价等。

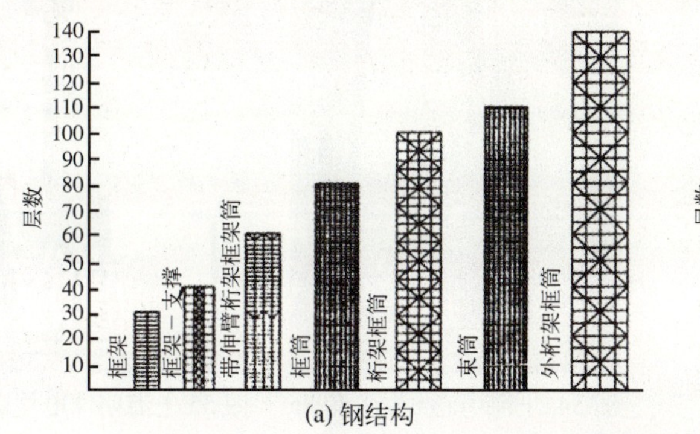

(a) 钢结构

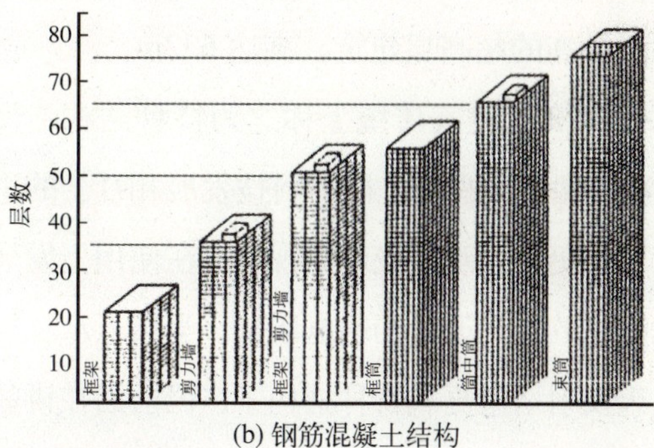

(b) 钢筋混凝土结构

图 52 不同结构体系适用高度

(5) 高层建筑还有一个不可忽视的背景是消能隔震技术的发明和使用，高层建筑与传统的多层建筑最敏感的问题之一是对侧向荷载的弱势和风险。建筑中的侧向荷载主要是地震和风荷载，为此而采取的措施，在土木界称为结构控制。

结构控制是指在建筑结构中设置控制系统或装置，以减小结构在风或地震作用下的反应。结构控制可以分为主动控制、被动控制、半主动控制和混合控制四大类，实际工程中应用最多的是被动控制。

3. 中国高层建筑和高耸建筑

上海环球金融中心 492m

南京紫峰大厦 450m

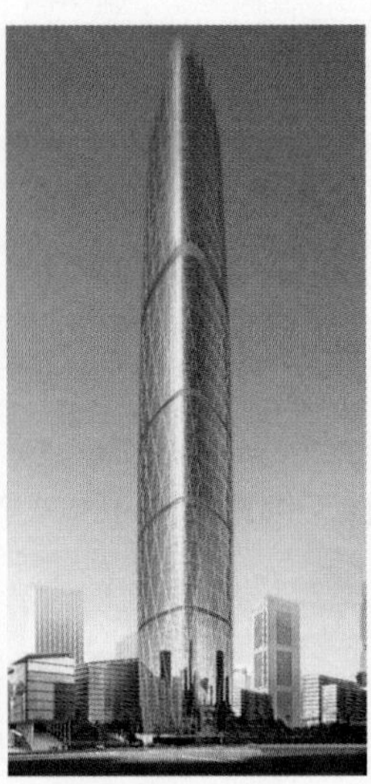
广州西塔 432m（在建）

重庆
嘉陵帆影·国际经贸中心
455m（在建）

图 53 各地部分超高建筑示意图

中国高层建筑的大发展准确地说是从1978年改革开放以后开始的，现在一般中等城市至少省会城市都有几幢标志意义的高层建筑，图 53 给出了我国 4 个大城市的超高层建筑图，图 54 为上海陆家嘴地区我国最高的超高层建筑，高达 632m。

高耸建筑传统上称之为特种结构，多指水塔、烟囱等，随着科技发展和社会的进步，更为壮观的应属电视塔，在使用上发展起来的应为近代的输电塔架。当然卫星、航天发射塔架更属特种结构了，但前面在讲航天发展时也介绍过了，这里不再赘述。

图 54 上海中心（左上角为效果图）

图 55 上海明珠电视塔

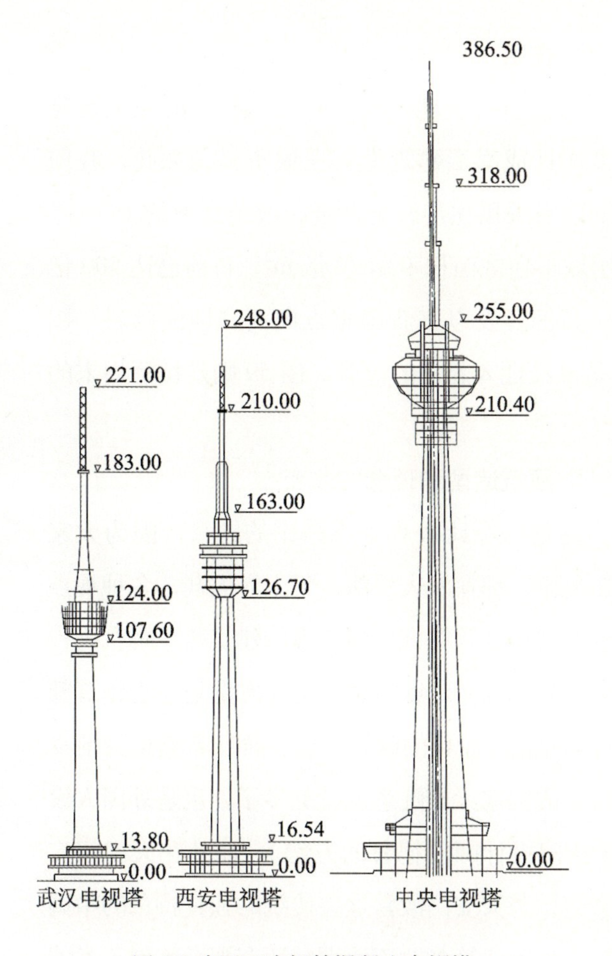

图 56 我国三座钢筋混凝土电视塔

电视塔是以高度排名的，目前世界上前 10 位的电视塔依次是：多伦多塔 (553m)，莫斯科塔 (537m)，上海东方明珠塔 (468m)，吉隆坡塔 (521m)，天津塔 (415m)，北京塔 (415m)，沙特阿拉伯塔 (378m)，柏林塔 (362m)，东京塔 (333m)，法兰克福塔 (331m)。

由于电视塔很高，而发射位置多在顶端，所以几乎世界所有的电视塔都是多用途的，如在不同高度上设置餐厅、观光等，以吸引游客。图 55 给出了上海明珠电视塔，建于 1994 年，高度中国第一，世界第三，该塔从造形设计到结构受力以及施工过程克服的难度都被业界给予较高的评价。建成后是我国最早唯一受奖的电视塔。图 56 给出了我国三座造形比较一致的电视塔，分别是中央塔、西安塔和武汉塔，其造形大都是钢筋混凝土骨架，下大上小直到发射桅杆，中间偏上一些也都设有餐厅等商业设施，这是电视塔一种最常见相对来说又比较简捷的造形，当然造价也会低廉一些。

图 57 2008 年 8 月投产的银川 750kV 输变电工程

改革开放以后由于国民经济的高速发展对电力的需要极其迫切，电又是一个最廉价的长距离输送的能源，特别是高压输电，图 57 是我国于 2008 年 8 月投产的银川 750kV 输变电工程的一例。本文发稿前的 2010 年 8 月中旬新华社报导我国自行研制世界运行电压最高的 1000kV 的特高压交流输变电工程于 2009 年 1 月开始商业运营，一年半以来已累计送电 157.54 亿 kW·h，该工程起于长治，经南阳止于荆门，全长 640km，实现了远距离、大容量、低损耗世界顶级的特高压输电工程。

图 58 西藏村民正搬入新居

4. 住宅

为了节省土地，改革开放后我国的住宅建筑也多设计成高层建筑尤其在城市更是如此，我国长期以来采用住房分配制度，改革开放的 1978 年全国城市住宅面积不足 27 亿 m^2，目前已达 500 亿 m^3。西部开发以来我国重点向西藏地区倾斜，图 58 是藏民迁入新居的情景，图 59 则是拉萨周末的盛况。

图 59 拉萨的周末，一片兴旺祥和景象

5. 建筑造型和理念的改变

这是一个比较难于下结论的题目，因为大家都在争论，都在发表看法，学术界尤甚，各种观点都有，“鸟巢”符合中国东方的建筑美学吗？为什么偏偏外国人（鸟巢的建筑设计方案是瑞士建筑师招标命中的）设计的就能中标，再联系奥运会前夕就竣工的国家大剧院意见就更多了，也是外国人设计（法国设计师安德鲁的方案），而且在天安门广场旁边，与天安门故宫这些传统的独具特色的中国皇家大屋顶建筑如此不协调？还有那个不伦不类的假玻璃游泳馆——水立方（据说设计方也有外国人参加，好像是澳大利亚人），再如，为了迎接奥运，解决电视转播过分拥挤的矛盾而仓促兴建的中央电视台大楼，且不论结构上的不合理，建筑上也不协调更不严谨，有人给它起一个外号叫“板凳”（这个建筑造型是荷兰建筑师库哈斯的方案）等等。众说纷纭，挺热闹，也挺有意思的。这不是坏事，是好事，至少说明中国视野开始开阔而且敢于发表意见了。作者是学结构的，不是建筑师，更不懂建筑学，无力更无权对这些观点和意见发表看法，我只想提供一份人民网组织的网友评选结果，竟然把上述那些非议颇大的建筑都选上了，见图 60，大有匪夷所思之感，“仁者见仁，智者见智”罢了。

图 60 中国建筑凝固中国形象

① 国家游泳中心；② 中央电视台新大楼；
③ 国家大剧院； ④ 首都机场新航站楼；
⑤ 国家体育场； ⑥ 中华世纪坛；
⑦ 深圳地王大厦；⑧ 上海东方明珠电视塔；
⑨ 深圳世界之窗；⑩ 杭州湾跨海大桥

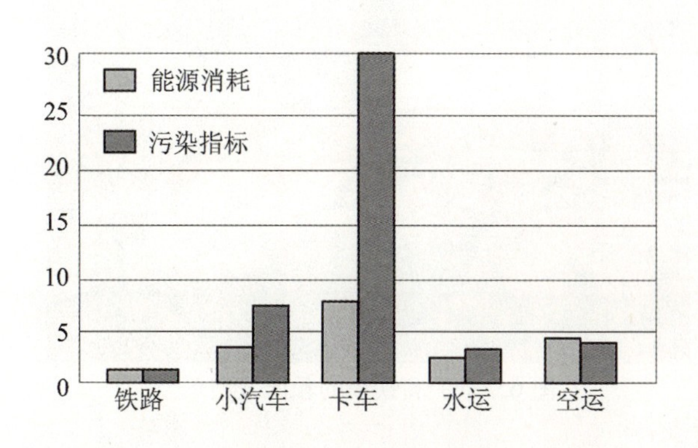

图 61 各种交通运输工具耗能和污染指标情况

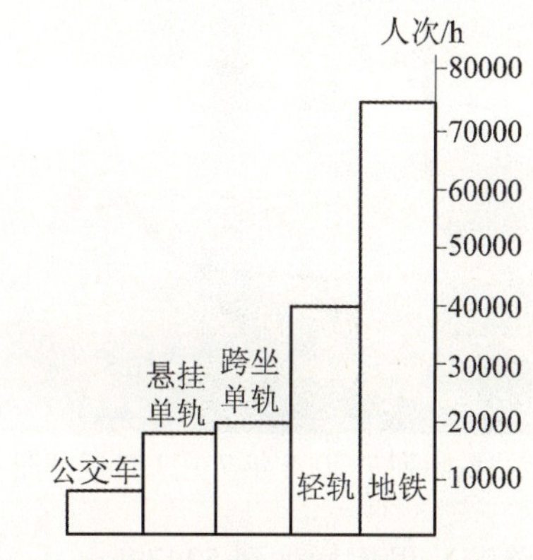

图 62 各种交通系统的最大运送能力

3.3.11 交通运输工程

本节主要讨论交通运输工程的铁路、公路、桥梁、隧道及城市轻轨交通（轻轨交通包括高架和地铁两种）。首先给出两张图，图 61 是各种交通运输工具耗能和污染指标情况，图 62 则是各种交通系统最大运送能力。从图 61 人们可以理解为什么现在发展铁路，它不仅污染小而且随着调整铁路的动力，运送能力、速度连同它的舒适度已逐渐成了一个世界发展的潮流，图 62 则回答了为什么现在全国范围的“地铁热”。

1. 铁路

中国铁路建设起步较晚。1881 年，比英国第一条铁路 (1825 年) 晚了 50 多年。由清政府洋务派主持修建的唐山至胥各庄铁路，全长 9.7km。1881 年 6 月 9 日中国制造出第一辆蒸汽机车——叫做“龙号”。旧中国铁路建设混乱落后，各帝国主义国家在华修建的铁路与官办、商修的铁路标准不一，装备杂乱，铁路的安全状况很差。

1949 年解放时全国只有 2.2 万 km 的铁路，其中由中国自己修建的铁路不足 40%，而且近一半由于战争破坏而处于瘫痪状态，能通车的只有 1 万多公里，并且事故不断。中华人民共和国成立后，中央人民政府铁道部统一管理全国铁路的运输、生产、基本建设和机车车辆工业。1949 年一年共抢修恢复了 8278km 铁路。到 1949 年底，全国铁路营业里程共达 21810km。当时有一辆蒸汽机车，以“毛泽东号”命名，见图 63。

图 63 毛泽东号机车

1966 年到 1980 年，中国相继建成贵昆、成昆、襄渝、焦枝、太焦、砂通等铁路干线：

图 64 京津城际列车 2008 年 7 月 1 日运行图

图 65 京沪高铁用的和谐号列车

全国铁路营运里程增加到 52479km。

从旅客发送量来看，尽管至今仍然存在着春运期间火车票一票难求的现象，但今夕对比 1978 年至 2007 年中国铁路旅客发送量是由 8.15 亿人增到 13.57 亿人，增长了 66%；货物发送量由 11.01 亿 t 增长到 31.42 亿 t，增长 16 倍；我国铁路以占世界铁路 6% 的营业里程完成了世界铁路 25% 工作量，运输效率世界第一，2009 年牛年春节仅春运 40 天的期间 (1 月 10 日 ~ 2 月 19 日) 共发送旅客 1.92 亿人次，开行的临时列车多达 27600 多列。我国一直执行货运大、牵引重量制，每列车多达 150 多个车厢，牵引重量高达 7000 多 t 之巨。2007 年在掌握重载机车和重载线路的核心技术前提下，大秦铁路已实现了年运量 3 亿 t 的惊人数字，大大突破了国际上公认的单条重载铁路年运量不超过 2 亿 t 的理论极限。

铁路的发展还表现在大面积大范围的多次提速，自 1997 年 4 月以来已连续五次提速，2007 年 4 月推出的和谐号动车组又开始了我国铁路的第 6 次大提速，时速达到了 200 ~ 250km，2008 年 6 月我国自主研制 CRH3 型和谐号动车组在京津城际铁路试验运行中创造了时速 394.3km/h(见图 64) 的新记录，引发了俄罗斯、印度等国家纷纷提出全套引进中国铁路技术的意向，图 65 给出了将用于京沪高铁的高速列车，时速将可望超过 350km/h。

高速铁路被公认是当今运输业的一个发展方向，它具有速度快的特点，当然最快的磁悬浮列车可达 430km/h，而飞机则为 600 ~ 800km/h，铁路占地少，至少比公路少很多，运行准、污染小、能耗低，据日本新干线列车统计其能耗尚不足汽车的 1/4，飞机的 1/5。

铁路是基本建设，是一个国家重要的基础设施，它可以带动上游钢材、水泥、车辆制造等重要产业，还可带动下游的旅游流通等第三产业，更可以解决大量的就业岗位，因而修建铁路是大幅度推动国民经济的重要举措。

2008 年由美国两房次贷危机引发的金融海啸，遍及全球而且很快延及实体经济的发展，一场大范围的经济萧条笼罩全球，自然殃及我国，我国立即出台了投入 4 万亿人民币刺激经济发展，其中很重要的一个方面是加大基础设施的投入，而铁路尤甚，请看

图 66 京沪高速铁路（资料来源：铁道部）

2008 年 11 月 11 日由人民日报提供的下面这组数字：

(1) 4 月 18 日，京沪高速铁路全线开工。总投资 2209.4 亿元，是新中国成立以来一次投资规模最大的建设项目。温家宝总理亲自出席开工典礼。

(2) 7 月 1 日，上海至南京城际铁路开工建设。

(3) 9 月 26 日，兰州至重庆铁路全线开工。

(4) 10 月 7 日，北京至石家庄铁路客运专线开工。

(5) 10 月 13 日，贵阳至广州铁路开工。

(6) 10 月 15 日，石家庄至武汉铁路客运专线正式动工。

(7) 10 月 16 日，新疆南疆铁路库阿二线、兰新铁路电气化改造工程、库俄铁路、乌准铁路二期工程等 4 条铁路，同时开工建设。

(8) 10 月中旬，内蒙古锡林浩特至乌兰浩特铁路开工建设。

(9) 11 月 4 日，成都至都江堰铁路开工，这是四川省灾后恢复重建的重点基础设施项目。

(10) 11 月 8 日，天津至秦皇岛铁路客运专线开工。

(11) 11 月 9 日，南宁至广州铁路开工。

其中的第 1) 项全线总长 1318km，时速 350km/h，工期 5 年，以高架为主，桥梁工程约占铁路总长的 80%，其中采用 32m 长，重达 900t 的预制箱形桥约 3 万孔。不仅有效地减少了建设用地并很好地解决了与公路等交叉道口的矛盾，特别是克服了我国长江中下游地区大面积软土地基的下陷问题，保障了行车安全，建成后京沪之间的行程将只需 5h，图 66 给出了京沪高速线的示意图。

再如上述第 (3) 项兰渝铁路是我国“十一五”规划的重要的双线电气化铁路，全长 820km，桥隧长度占线路总长的 70%，工期 6 年，总投资 774 亿元，年运输能力为货运量 1 亿 t，日开行客车 50 对。

铁道部计划发展司在 2008 年 11 月 11 日的人民日报上披露，截止到 2020 年我国对铁路的长期投资超过 5 万亿元，届时我国铁路总长度可达到 12 万 km。

需要特别提及的是铁路是基础设施，其主要工作量集中在土木工程和制造业(车辆)，可以极大地扩大内需，促进增长，其中土木工程占55%以上，更重要的是我国有2亿左右的农民工，铁路建设可以较多地安排他们就业，铁道部早在2008年11月份就披露：上述11条铁路可消耗2000万t钢材1.2亿 m^3 水泥可以创造600万个就业岗位，车辆制造(见图64，图65)可提供80万个岗位。2009年一年铁路安排工程投资6000亿元，可以创造出600万就业岗位，消耗钢材500万t。

2. 公路

公路建设是一个国家经济发达的标志，它所带动的行业不只是土木工程方面的，制造业中首先是汽车的发展，我国现有私家轿车早已超过1.3亿辆，平均每10人一辆，不建设公路如何解决这些汽车的正常使用，1978年刚改革开放时我国公路总里程不足89万km，而30年后的2008年高达358万km，增长了3倍，2010年底可望达到395万km，高速公路从无到有，2008年底高达5.4万km，2010年底可望已达到7万km，居全球第二，仅次于美国。

高速公路是全封闭立体交叉的，我国《公路工程技术标准》将高速公路定义为“专供汽车方向，分车道行驶并规则控制出入的多车道公路”。

高速公路的特点，大致可归纳为：

①为汽车提供高速行驶的各种必要条件而专门建设的公路，其行车速度在60～140km/h。

②效率高，安全，可靠度高。车速高，自然效率就高。因为它是全封闭的，保证了它的安全性和可靠度。

③这种运行方式克服了铁路运输的不能离轨行驶，可以送货上门，又保留了近代铁路“高速”的优点，已被公认为是促进经济发展的重要交通方式。正因如此，改革开放以后，我国高速公路才有了一个大的发展。

图67给出了2009年底刚通车的穿越皖浙赣三省交界的高速公路的雄姿［简称黄塔(桃)高速公路］，该三省交界地质条件复杂，是长期影响经济发展的“瓶颈”，这条公路的贯通大大促进了沿途地区的经济提升。图左下边的一幅小图是保护沿线生态环境而首次采用的半通透肋梁结构建成的龙瀑隧道。

图67 黄塔(桃)高速路

3. 桥

桥梁是铁路、公路和城市道路的

图 68 京沪高铁南京大胜关长江大桥钢梁合拢

重要组成部分，对发展国民经济、促进社会文明、巩固国防等具有重大的作用。桥梁不仅是交通运输的重要建筑物，也是科学技术和艺术智慧的结晶。世界各国往往以宏伟的桥梁作为标志，展示经济和文化艺术的发达。

上述京沪高铁要跨越淮河、黄河和长江，其中跨越长江的南京大胜关大桥难度最大，该桥是目前高速铁路设计时速最高、跨度最大、荷载最大的钢桁拱桥，也是京沪高铁的控制性和标志性工作，其大桥钢梁的重量是武汉长江大桥的 4 倍，整个工程规模之大、标准之高、技术之新在我国建桥史上前所未有，在世界建桥史上也十分罕见。图 68 是京沪高铁跨越长江的南京大胜关长江大桥钢梁合拢的情景。

另外跨越黄河的济南黄河大桥以及跨越淮河的特大桥其主体结构均已合拢贯通，即将进入铺轨，按目前进度京沪高铁可望提前通车。

我国是桥梁大国，以跨越长江的大桥为例，50 年代初第一座武汉长江大桥建成，结束了长江上没有大桥的历史，此后，特别是改革开放之后，截止到 2003 年，长江上已建成的大跨铁路和公铁两用桥总数已达 34 座，其分布上起四川的宜宾，下至长江入海口近 3000km 长的干流上已有武汉、九江、南京三座公铁两用桥，28 座公路桥，3 座路桥，正在建设的还有 20 多座。不久长江上的桥梁总数将达到甚至超过 60 座，这种大规模地迅速地桥梁建设在我国乃至世界建桥史上也是十分罕见的。说它“崛起”是毫不夸张的。

2008 年 5 月 1 日 正式通车的杭州湾跨海大桥北起嘉兴市海盐，南止宁波市慈溪，全长 36km 双向六车道，设计时速 100km/h，设计使用年限 100 年，投资 120 亿元，大桥的建成使宁波至上海的距离缩短 120km，大大改善杭州湾区域的路网布局，单从宁波市来分析，使它从一个长三角交通末梢边缘城市一跃成为海陆交通枢纽和节点地市。详见图 69。

杭州湾是钱塘江入海口与南美的亚马逊河口、印度的恒河河口并称为世界三个强潮海湾，潮差大、潮流急、风浪大、冲刷深，杭州湾观潮的胜景就是杭州湾这个大喇叭口形成的。在这样的海域架桥，世界上没有先例，没有可供借鉴的桥型，所以说杭州湾跨海大桥是世界上工程难度最大的桥梁之一，从图 70 可以窥见杭州湾的雄姿。

就在杭州湾大桥通车 2 个月之后，另一座改善长三角交通布局的苏通大桥也于当年 7 月 1 日正式通车，图 69 标出了苏通大桥的区位，这一带江面复杂的自然条件是世界建桥

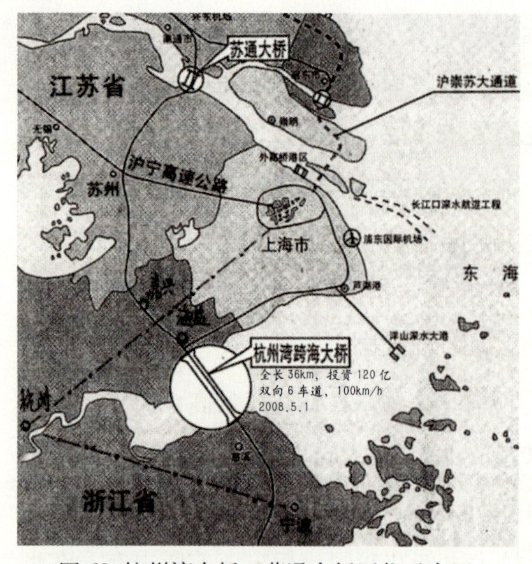

图 69 杭州湾大桥、苏通大桥区位示意图

史上少有的：一年中风力达 6 级以上有 179 天；降雨大致超过 120 天；江面宽阔，水深流急，主桥墩处水深达 30m；通航密度高，日均通过船只近 3000 艘，高峰时期达 6000 艘。该桥全长 32.4km，双向六车道高速大跨标准，其中跨江 8146m，主桥为跨径 1088m 的斜拉桥，居世界之首，此前世界斜拉桥最大跨径是日本的多多罗桥仅为 890m。由于苏通大桥处于长江下游，航运频繁，该桥通航净空高度为 62m，桥墩主墩基础由 131 根长 120m，直径 2.5 ~ 2.8m

图 70 杭州湾大桥

图 71 苏通大桥鸟瞰图

群桩组成，桥塔高 300.4m，大桥最长的拉索 577m，号称“最大主跨，最深基础，最高桥塔，最长拉索 4 最的创造了世界纪录的斜拉桥”，图 71 给出了苏通大桥的鸟瞰图。

苏通大桥地处华东路网咽喉。苏通大桥的建成，使南通自北岸跨越长江的时间从 1h 缩短到 5min，上海一小时经济圈的半径被再次扩大，江苏沿海经济发展犹如强弓满弦，长三角一体化的新动力正蓄势待发。

苏通大桥是当今世界上最大跨度的斜拉桥，是中国迈向世界桥梁强国的标志性桥梁。今年 3 月，苏通大桥还被国际桥梁协会授予该协会的最高荣誉“乔治 · 理查德森大奖”，成为国际桥梁技术发展史上具有里程碑意义的工程，也成为万里长江的一个新地标。

2008 年底通车的大桥中还有一座颇具特色的福州湾边大桥，该桥起于乌龙江北岸仓山区湾边村，跨越闽江南港至乌龙江南岸，桥全长 3.9km，6 车道高速公路标准，总投资 7 亿多人民币。见图 72，从图中可以看出，该桥主跨连同两边的两个边跨均采用拱式结构，

图 72 福州湾边大桥

桥面用钢索悬吊在拱上，其受力关系是何等简单而合理，而且十分美观。

山东济阳黄河公路大桥也是一座颇具特色的现代桥梁，该桥于 2008 年 11 月 26 日建成通车，桥全长 1165m，双向 4 车道，主桥最大跨度 216m，该桥地理位置重要，是沟通京沪高速，青银高速等多条国家大路干线的重要枢纽，该桥最大的特点是四塔单索斜拉桥，见图 73，桥塔设在桥面中央，每塔设一索，与常用的桥塔桥索多设在桥面两侧不同，这种布置不仅具有特殊的美学效果，在受力上重力全由立在中央的桥塔直达桥墩传至地基，但它多了一个两侧重量及行车带来的侧向弯曲，只要分析对比之后是合理的这也不失为是一种供选择的优良方案，顺便说一下，这种斜拉索设在中央，我国已早有先例，但四塔则是第一座。

我国还有一座正在筹建的粤港澳大桥，2009 年国务院批复了《珠江三角洲地区改革发展纲要 (2008 年～ 2020 年)》，批复指出：珠三角地区将紧紧抓住当前扩大内需、促进增长的战略机遇，加快基础设施建设，推进经济结构转型和发展方式转变，进一步发挥对全国的辐射带动作用和先行示范作用，争当实践科学发展观的排头兵。加快基础设施建设中一项重大的项目是粤港澳大桥，将广州、深圳、香港、澳门用大桥连成一体，该桥 2009 年已局部开工，图 74 专家是给出的推荐方案之一，中央已明确对该项目的主体工程注资 50 亿人民币，这座桥的建成将极大地推动珠三角的发展。

(a)

(b)

图 73 济阳黄河公路大桥

4. 隧道

无论是铁路还是公路，总是要“逢山开路，遇水搭桥”，古代开路多指开凿隧道，现在无论逢山还是遇水均可视具体情况经过多方案比较，既可搭桥也可凿隧。我国西南宝成线铁路沿线这种沿山势修建的隧道太多了。

随着铁路公路的大发展，在桥梁建设的同时，我国近年来兴起了一股隧道热，因为隧道有很多桥不具备的优点，如不影响航道，不受航运、流水等外力影响，安全稳定，

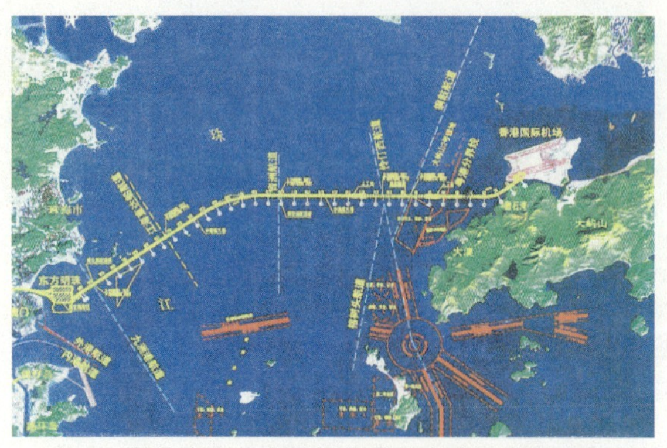

图 74 粤港澳大桥专家推荐线位方案总体走向图

而且抗震能力较强等等。

2008 年 12 月 28 日武汉长江隧道通车了，中华民族实现了“隧道穿越长江”的梦想。

武汉长江隧道全长 3.63km，工程概算接近 20.5 亿元，为双线双车道，设计行车时速为 50km，是我国修建的第一条长江交通隧道，也是隧道开工时我国地质条件最复杂、工程技术含量最高、施工难度最大的江底隧道工程。

早在 1919 年 2 月，孙中山先生在《建国方略》之《实业计划》中明确规划：“在京汉铁路线，于长江边第一转弯处，应穿一隧道过江底，以联络两岸。更于汉水口以桥或隧道，联络武昌、汉口、汉阳三城为一市。”

20 世纪 30 年代，美国专家曾受邀到武汉考察长江隧道选址，由于卢沟桥的枪声，此后长期无人再提。

新中国成立后，孙中山关于以桥联接的构想在 1957 年 10 月，我们举全国之力，在武汉建成万里长江第一桥。改革开放以后，长江上架桥猛增，已接近 60 多座，但在长江上却始终没有修建隧道，武汉建成的这条隧道号称“万里长江第一隧”，名副其实，2004 年正式开工，历时 4 年。隧道在河段中部处于水下 57m，河床下 5m 深的位置，5m 深的上层覆土是很安全。设计使用年限 100 年，防洪按 300 年一遇的标准，抗震 6 度设防，隧道两端竖井分别设有宽 14m，高 5.4m，厚 0.34m 的防淹门，万一遇到不可抗力的因素，防淹门可拦截江水，防止倒灌至地表。图 75 给出了这条隧道的详图。

继武汉长江第一隧之后，相继建的有上海、南京长江隧道其规模较此为大。

至 1984 年底，世界上共修建了将近 10000km 的铁路隧道，约占世界铁路总长度的

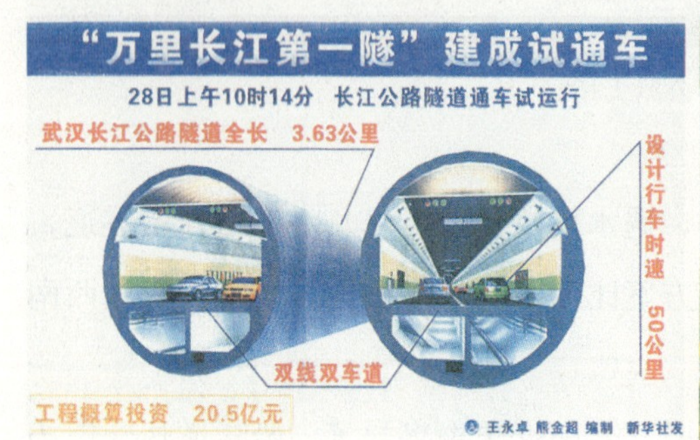

(a)

(b)

图 75 武汉长江隧道

0.8%，其中有一半分布在中国和日本。我国是世界上铁路隧道最多的国家，其中一半以上分布在云南、贵州、四川、陕西等省。有 7000 多座，总长度超过 4000km，居世界各国之首，其中包括近期建成的青藏线上海拔 4906m 的风火山隧道以及穿越冻土带长的昆仑山隧道（全长 1689m，海拔 4600m）。

中国的铁路隧道虽然比较多，总里程数字也较大，但已建成的最长的是衡广线上长 14.295km 的大瑶山隧道。在公路隧道方面，我国已建成总长度约 1000km，其中包括居世界第二位的特大长隧道陕西南山秦岭高速公路隧道，全长 18km，双洞四车道，车速可达 80km/h，还有穿越珠江、甬江和黄浦江的 3 条沉管公路隧道。

5. 地下铁道

图 62 已充分说明了地下铁道优越性，它是近代集约化程度较高的城市必不可少的交通运送方式。包括高架轻轨在内人们统称城市轨道交通，一般在市中心人口及流通密集区大都修建地铁，而离开城市中心，特别到达郊区之后则以高架轻轨为主，因为高架轻轨比地铁便宜多了，可能 1 亿 /km 左右，相当于地铁的 1/5 左右，其运送方式同样不受地面原有交通的影响，没有红绿灯和人行横道的干扰。

表 3 给出了城市交通三种方式每小时的单向运力。

可以看出地下铁道的巨大优越性了，全世界地铁最发达的是纽约 400 多 km，其次是

三种公交运输系统每小时单向运力 **表 3**

交通方式	平均时速 (km/h)	单向运力（万人 /h）
公共汽车	10 ～ 20	0.2 ～ 0.5
轻轨	30	1.5 ～ 3.0
地铁	35	3.0 ～ 8.0

伦敦、巴黎，再其次大概就是中国的上海和北京了，运行里程在 200km 以上。我国已建和在建的地铁和轻轨的城市还有广州、武汉、南京、杭州、重庆等近 20 个之多。图 76 给出了一个北京地铁现状及近期规划图，其中有的表明是规划线的现在已经建成并通车了，如④号线早在 2010 年初就开通了，真是规划赶不上“变化”，这也在某种程度上反映了人们对地下铁道的迫切需求了。

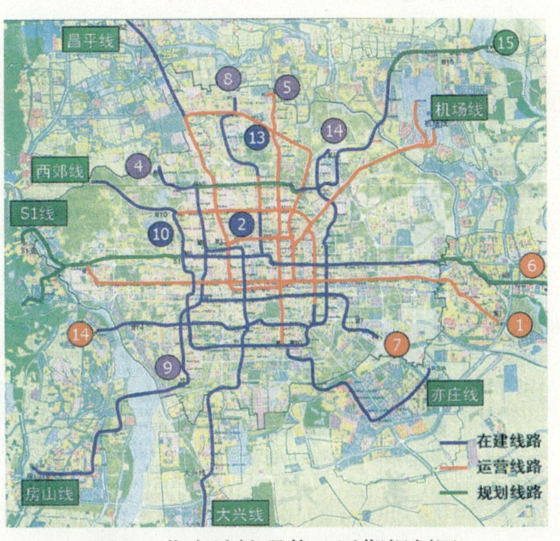

图 76 北京地铁现状及近期规划图

4 力学是保持二次反击力量的重要学科 [11 ~ 26]

4.1 什么是“二次反击力量”

我国在 1964 年 10 月 16 日引爆第一颗原子弹之后就向全世界郑重声明“在任何时候任何情况下，中国都不首先使用原子弹”，这是目前拥有核弹能力的六个国家之中 (见附录 5)，唯一一个向全世界郑重声明的国家，这说明了中国研制原子弹目的完全是为了自卫，也展示了我们自强自立爱好和平的大国风采，同时也给我们提出了一个严肃的问题，考虑到核袭击的巨大杀伤力，在战争疯子对你进行原子袭击之后，你还有反击力量吗？

这就是所谓要“保持第二次反击力量”的基本概念。

保持二次反击力量涉及的学科和行业很多，但力学几乎是最不可少的，单单是地下各种隐蔽工事，首先碰到的是岩土力学和爆炸力学问题。

4.2 近代战争的教训

随着武器的发展特别是空军和导弹的出现和发展，近代战争中空袭成为了一种不可缺少的力量和手段，大量民用、工业设施被摧毁，平民的伤亡日益严重。

第二次世界大战期间德国飞机和“V2”飞弹的轰炸使英国多数城市被炸，伦敦有一半建筑被摧毁，英国人累计死伤 15 万。不久德国遭到报复，61 个 10 万人以上城市中 20% 的住宅被破坏，30 万人炸死，78 万人受伤，750 万人无家可归。在亚洲 1944 年美国对日本宣战之后，日本被美军轰炸，全国 98 个大中城市被破坏，其中东京、大阪和横滨等 6 大工业城市 41% 的建筑物被毁，500 万人无家可归，工矿企业 67% 被毁，死亡 55 万人，这还不包括 1945 年 8 月 6 日和 8 月 9 日美军向广岛和长崎投掷的两颗原子弹死亡的 10 多万人。

1991 年 1 月 17 日，以美国为首的多国部队对伊拉克发动空中打击，持续 38 天，随后转入地面进攻，直至 2 月 28 日伊拉克宣布失败告终。多国部队动用飞机 2780 架，起飞 11.2 万架次，投弹 20 多万 t，空袭目标 12 类：① 指挥设施；② 发电设施；③ 电信；④ 战略防空系统；⑤ 空军及机场；⑥ 核生化武器研究所及储库；⑦ “飞毛腿”导弹发射架和生产储存地；⑧ 海军及港口；⑨ 石油提炼输送设施；⑩ 铁路桥梁；⑪ 陆军部队；⑫ 军用仓库和生产基地。结果大量的地面军事和民用设施被摧毁而隐藏于地下防护工程中的 80% 的飞机，70% 的坦克以及 65% 的装甲车都得以保持。令人吃惊的是人员伤亡情况的统计结果，伊军死亡 2000 人，而一般平民的伤亡高达 20 万人之多。

空袭和空中打击就算考虑了人道主义因素，它也有很大的随意性，更何况战争的发动者常常把摧毁后勤及民用设施乃至摧毁城市杀伤平民作为战争和政治的筹码。近代战争的一个重要特点就是军民伤亡比例的倒反差，平民的伤亡日益严重。表 4 给出了第一次世界大战以后几次典型战争的军民伤亡比例，可以看出上述 1991 年 1 月 ~ 3 月多国部队参与的伊拉克战争，军民伤亡比例竟是 1∶100，即前线的军士每死亡 1 个，后方的老百姓要死亡 100 人。

20 世纪几次主要战争的军民伤亡比例 **表 4**

战争名称	第一次世界大战	第二次世界大战	朝鲜战争	越南战争	伊拉克战争（1991 年）
军民伤亡比例	20 ∶ 1	13 ∶ 12	1 ∶ 5	1 ∶ 20	1 ∶ 100

令人担忧的是前景并不看好，尽管从总体上来看世界范围内尚维持了一个和平的环境，但局部战争一天也没有中断。而且在第二次世界大战以后所形成的冷战局面中 (1945 ~ 1991 年)，美苏双方都以大量扩充核武库作为遏制和威胁敌方的资本，其他一些发达国家也不例外，竞相参与这场以发展空中袭击为主要手段的较量。表 5 给出了冷战期间美方拥有的核武器的情况，需要说明的是这个并不完备的统计数字已经是经过签署消减核武库条约并做了某些销毁以后敢于公布出来的数字，当年有人估计美苏双方拥有的核弹头当量足以把地球毁灭许多次，这可能有些夸张，但对人们加强防护特别是在城市大量兴建防护工程不失为一种提醒和敦促。20 世纪末前苏联解体，前苏联这个庞大的帝国从地球上消失了，在那片广大的土地上代之而起的是 15 个各自独立的国家。作为前苏联主体的俄罗斯，从国名到国旗国歌都恢复了原样，整个世界持续多年的以两个超级大国为首的两个阵营的冷战时代结束了。华约解体，北约东扩，俄罗斯面对着一个比原来更为强大的北约军事集

冷战期间 (1945 年～ 20 世纪 70 年代末) 美方拥有的核武器 **表 5**

类别	披露的拥有量	预计 2010 年后消减后的拥有量
核弹头	9596 个	3500 个
发射器	1568 件	1047 个
洲际导弹	920 枚 (核弹头 2370 个)	500 枚 (核弹头 500 个)
潜射弹道导弹	416 枚 (核弹头 3216 个)	432 枚 (核弹头 1720 个)

注：2006 年凤凰卫视披露俄美双方共有核弹头 10245 枚。

图 77 埋葬着驻伊美军官兵的阿灵顿国家公墓第 60 区

团。媒体 2004 年 4 月透露俄罗斯还拥有 2000 枚核弹头，北约则更多，达 3000 枚，这充分说明战争的危险并没有过去。2003 年 3 月 20 日，美英联军出动 23 万大军和上千架战机，第二次对伊拉克发动了先发制人的现代化战争，萨达姆被俘，政权倒台。2004 年 5 月 1 日，布什宣布主要战事结束。一年的战争美方士兵死亡 600 多人，而伊方的死亡至少要 5 倍于此，至于一般平民尚未有明确的报道，恐怕也是一个惊人的数字。

就在布什宣布战争结束 8 个月之后，即 2004 年 12 月底，媒体报道美军死亡总数已从原来公布的 600 人上升为 1300 人之多。平均每月新增死亡人数 90 多人，令人惊讶的是这些死亡都是发生在布什宣布战争结束以后。如果 2003 年 3 月 20 日 ~ 2004 年 5 月 1 日，一年多的战争阶段美军士兵死亡 600 多人美国人还是可以接受的话，那么战争结束以后短短的 8 个月竟多于一年多的战争阶段死亡人数的总和，这就难以令人接受了。更有甚者，2005 年 10 月媒体又报道美军死亡总数已多达 2000 多人，2007 年 1 月人民日报披露美联社统计驻伊美军的死亡人数已突破 3000 人，超过“9·11”事件的死亡人数。2007 年 10 月美军驻伊部队由原来的 13 万增至 16.6 万人，截止到 2008 年底布什总统任期届满之时，媒体披露这场战争美军已死亡 4000 人，伤残近 3 万人。奥巴马上台后宣布在 2010 年 8 月 31 日从伊拉克撤军只保留 5 万协助伊政府治安，2010 年 8 月 16 日统计驻伊美军死亡总数已高达 4415 人，伤残 3.2 万人，美国用于伊拉克战争总开支高达 7423 亿美元，超过越南战争和朝鲜战争的费用，图 77 是埋葬驻伊美军官兵的阿灵顿国家公墓第 60 区。死亡人数不断增长的一个重要原因是伊拉克反侵略势力自杀式炸弹，自杀式汽车等各种恐怖主义袭击加上宗教和不同政见派别的极端行为，使死亡日益严重。恐怖袭击处在暗处，而美国大兵处在明处，大象对付不了老鼠大概就是这个道理。

4.3 加强地下人防工程建设

在核武器和常规武器高度发展的今天，能在摧毁后仍然保持较强的人力资源是最重要的，这主要取决于人防工程的完善程度，这种认识大大提高了人防的战略地位。瑞士作为一个中立国已有170多年的历史，但仍然毫不放松自己的人防建设，据资料披露早在1984年瑞士已拥有人员掩蔽位置550万个，占当时全国人口的86%，还有各级民防指挥所1500个，各类地下医院病床8万张。北欧的瑞典在20世纪80年代末已为全国人口的80%以上提供了掩蔽位置。

我国的人防工程，自20世纪50年代～70年代中期有一个相当大的发展，截止1999年全国197个（总人口超过1亿）人防重点城市共修筑人防工程3.5亿m^2，按战时1/2人口留城市，每人的防护面积1m^2计算，仍缺3000万m^2以上，更不用说已建的工程大部分不配套，防护效能不高。与发达国家相比我们的人防工程不是多了而是少了，主要原因是我国人口太多，经济落后，人防投资又较低的缘故。

现代高技术战争对地下防护工程提出了更高的要求，主要的是“深”。早在20世纪50年代开始的冷战时期，美国在科罗拉多州斯普林市西南的夏延市构筑了一个岩层下300多米厚，纵深达600～700m的北美防空司令部地下指挥中心，洞口钢制防爆门厚40cm，重30t，指挥中心还装有1300个巨型减震器，以缓解爆炸所带来的压力冲击。

该地下工事共有15层，其中的防空指挥控制中心主要用于跟踪监视敌方弹道导弹、战略轰炸机和太空飞行器。

自从1966年至今，美国和加拿大军人一刻不停地坚守在该指挥中心。在任何时间，在那里工作的人数始终保持在200人左右，自2001年“9 · 11”事件以来，美国国防部又投资7亿美元用于升级夏延山指挥中心的早期预警系统。使夏延山指挥中心开始协助美国民航管理当局追踪国内航班。

前苏联则相应地构建了一个庞大而复杂的莫斯科地下指挥中心。90年代以后随着钻地核武器和精确制导武器的发展，美俄对深层地下防护工程的建设提出了更高的要求，筹建更深厚的超坚固地下指挥中心，美国已明确准备在马姆山建一个深达1000～1500m的地下指挥中心作为夏延山地下指挥中心的备用工程。

我国也是早有准备的，由于保密的原因外界并不清楚，但自从前美国国防部长拉姆斯费尔德访华时提出要参观中国北京西山的地下指挥中心被我们婉言谢绝之后，国人才开始知道北京西山地下深部有一个重要的中央军委地下指挥中心。

北京在50年代修建第一条地铁时（即现在一号线从北京站到苹果园的那一段）就考虑了防核袭击的可能，第一特别深，第二每个出入口均设有防护门和密闭门（平时推入侧墙，一般是看不到的），第三通风口设有防爆活门等等。

4.4 大规模三线建设

我国从 50 年代来就开展了大规模的三线建设，当时有两个著名的口号，一个是“深挖洞，广积粮，不称霸”，另一个是“散山洞”(分散、进山、进洞)。所谓三线建设就是这两个口号的具体体现，如从所周知的那个年代建设的武汉第二汽车厂就在武当山附近的十堰，这个城市的街道实际就是两山之间的山沟，厂房也大都在开挖的山体之内。这种地方敌机不宜进入，进入也难以找到目标，就是导弹袭击由于山体纵横交错遮挡并削弱了大部分冲击波的杀伤力。美国在日本长崎投掷的原子弹其当量远大于广岛的核弹约为广岛核弹的两倍(见附录 5)，但由于长崎多山其损失远小于广岛，这个实实在在的经验后来各国都注意到了，结论是地壳本身的防护能力比人工建设的要强得多。

“三线”的地域范围太大了，我国中西部地区几乎都包括在内，否则怎么做到分散，重要的物资大都进山进洞，至于武器装备更是如此，笔者那个年代从事地下防护工程方面的教学和科研，曾先后去过两个潜艇库和两个飞机库，所谓飞机库那时多称“机窝”一机一窝，在山脚下开挖一个跨度 40m 高 5m 以上的低拱，飞机倒着开进去，头朝外，拱口设一特制的巨大的防护门，门外有一条被敷设伪装网的跑道，敌方袭击后打开防护门，飞机可以直冲而出进行反击，这就是对歼击机的一个保存二次反击力量的方法之一。

随着改革开放的深入，我们一些原设在三线的工厂由于生产运输等不方便影响大规模生产，有的已经迁出，例如十堰的第二汽车制造厂已经基本迁往武汉市了。但这份“家底”一旦形势需要同样可以像二次大战时苏联远东地区那些工厂一样迅速转变为反侵略的大后方。

4.5 战略贮油

4.5.1 战略贮油的重要性

保持第二次打击力量不只是人员、武器，还有多方面的问题如粮食、油料等等，以油料为例，第二次世界大战向前线补给的战略物资总量中，燃料占 50% 以上，战后各国普遍关注大规模储油储气以备不急之需。

表 6 给出了世界各国及地区石油储存天数，这是一个国家石油储备量的标准，即根据该国(地区)每天的耗油量作为基本单位，一旦中断供应，该国可以维持的天数。表中显示，中国大陆石油贮备是偏低的，不仅低于韩国也低于中国台湾、新加坡和泰国。而中国又是一个耗油大国。目前我国的原油年产量约达 1.6 亿 t，而实际需求量为 2 亿多 t。

各国及地区石油储备天数 表6

国家 / 地区	石油储备天数		
	总天数	政府储备	民间储备
美国	158	90	68
日本	169	90	79
德国	127	95	32
欧盟	90		
韩国	74.5	29.7	44.8
中国台湾	60		
新加坡	44		
泰国	36		
印度	19		
印尼	21		
中国	35	14	21

资料来自“台港澳报刊参阅”2009。

2000年我国进口原油达7000万t。2010年我国需求石油每年将达3亿t。需进口石油1亿t。另外随着我国进口石油依赖程度的提高，一旦国际石油市场暂时或局部短缺，油价波动，将对我国石油供给和国民经济产生巨大的影响和冲击，这样势必给企业造成成本过高负担过重甚至严重的亏损。更应考虑的是如果一旦发生战争，海上封锁我们坦克装甲设备怎么起动，更谈不上发挥作用了，为了国防安全，我国贮油已刻不容缓。

4.5.2 国际石油形势

石油价格与政治军事形势密切悠关。

国际市场原油计量单位一般为“桶”。1桶约合159L。以世界平均比重的沙特阿拉伯34度轻质原油评算。1吨约合7.33桶。

现代石油工业诞生后的约一个世纪里，美国始终垄断着国际石油市场。二战后，中东石油产量猛增，世界石油中心逐渐从北美转向中东。这一时期原油价格低且比较平稳，1945年原油标价为每桶1.05美元，1960年为1.90美元。

1980年，伊拉克对伊朗开战，油价涨至每桶38美元（按照实际购买力，这一价格相当于目前每桶100美元以上），从而催生了第二次石油危机。

1990年8月，海湾战争爆发，其间国际油价涨至每桶40美元。

2003年伊拉克战争爆发，油价进一步攀升。2004年以后，油价涨势一发而不可收。2008年1月2日，油价攀上每桶100美元高位。到7月份竟升至每桶147美元的天价。

但很快就一路下跌，短短的三个月到 10 月份跌至 71 美元。

可以看出影响石油市场稳定有三大因素：其一是美国经济的兴衰；其二是国际政治军事的变化；其三是中东局势的起伏。

中东是全球贮油大区，占全球石油总贮量的 61.5%，凡是中东政局不稳或外来势力入侵都会导致石油价格的上涨；2008 年 7 月份竟升至每桶 147 美元。可是不久美国暴发了次贷危机引发了全球金融海啸，石油价格又急剧下跌，到 2008 年底竟跌至 40 美元的最低价，可见美国经济、国际政局和中东局势是控制国际油价最重要的杠杆。

4.5.3 中国采取的措施

面对这种形势，国务院发展研究中心研究员指出，中国应建立包括资源储备、战备储备在内的多层次储备，从多种渠道提高中国的石油储备。其中，资源储备既是商业性的也是战略性的；战略储备实际上是一种实物储备，这是应对重大政治经济危机的关键，由财政出钱；第三层就是要建立企业的义务储备制度，根据国际经验，大型用油企业有义务承担一定的储备量。

据悉，负责石油储备的国家石油储备中心已经成立。根据《能源发展“十一五”规划》，中国将借鉴国际经验，建立起三级石油储备管理体系：从上至下这三级分别为发改委能源局、石油储备中心、储备基地。

从 2003 年起，中国斥资 15 亿元，建立紧急石油储备系统，以免战争和其他紧急情况破坏中国石油供应。国家战略石油储备一期工程基地确定为舟山、镇海、黄岛和大连。另外，新疆鄯善将建立 800 万 m^3 的国家石油储备基地。2006 年底人民日报披露位于浙江镇海的首个石油战略储备地已于 8 月份建成，正准备贮油。

中国首批四大石油储备基地目前已完全建成，总共能形成约十余天原油进口量的政府战略石油储备能力。再加上中国石油系统内部 21 天进口量的商用石油储备能力，中国总的石油储备能力将超过 30 天原油进口量。

我们在这里引用这些材料是想提醒读者，中国的战略石油贮备是何等重大和紧迫，当然来自不同媒体的数据常常稍有不同，但总体上做为战略眼光来分析和观察，这些材料也就足够了。

4.5.4 水封油库——一个廉价的贮油方式

水封油气库是中国根据储存原理意译的名称，英文直译应为不衬砌岩洞油气库 (Storage of oil and gas in unlined cavern 或 Oil and gas storage in unlined cavern)。亦有前面

带有地下 (Underground) 这个词的。

早在 1938 年，H. 约翰逊 (瑞典) 就对水封油库的储油原理申请了专利权，20 世纪 40 年代末，瑞典人将一个废矿穴成功地改建成一个水封油库。50 年代中期，各国的政治家认识到大规模储存燃料的战略地位时，瑞典首次建成了一个人工开挖的岩洞水封油库。70 年代末，建成了一个巨大的 Hisingen 原油库，容量高达 120 万 m^3。有人计算如果把这些原油装到油罐车上可以横贯全瑞典，即从东边的斯德哥尔摩直到西部的哥德堡大约 500km 的距离，此后不久又建了一个容量达 260 万 m^3 的油库。到 20 世纪后半期，全世界几乎兴起了一个建设大容量水封油库的高潮，至今不衰。

1. 象山水封油库

图 78 是我国自行设计施工的第一个岩洞水封油库位于浙江象山县，贮存 0 号和 32 号柴油总贮量 4 万 m^3，主要为渔船供油。

该项在 1978 年全国第一次科技大会上获填补国家空白奖，笔者参加了该项目的力学分析和结构设计，同时为岩体地下水的渗流量推导了计算公式，供设计人员选取抽取渗入洞内地下水的潜水泵的型号提供 依据。

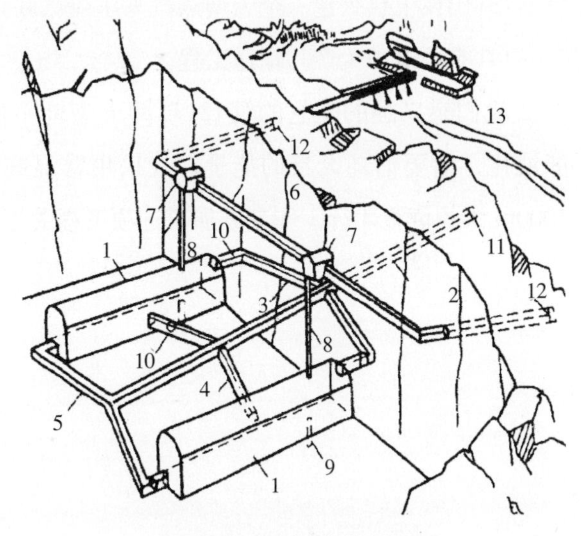

图 78 象山水封油库透视图

1 －罐体；2 －施工通道；3 －第一层施工通道；4 －第二层施工通道；5 －第三层施工通道；6 －操作通道；7 －操作间；8 －竖井；9 －泵坑；10 －水封墙；11 －施工通道口；12 －操作通道口；13 －码头

2. 奥托 - 内莫达气库

奥托 - 内莫达 (Outer-Namdal) 气库是挪威一个海上气田输到陆上的容积为 100 万 m^3 的大型末端储气库。1986 年～ 1988 年作者以挪威皇家科学技术委员会 (NTNF) 博士后的身份赴挪威特隆汉姆大学参加该项目的前期研究工作。

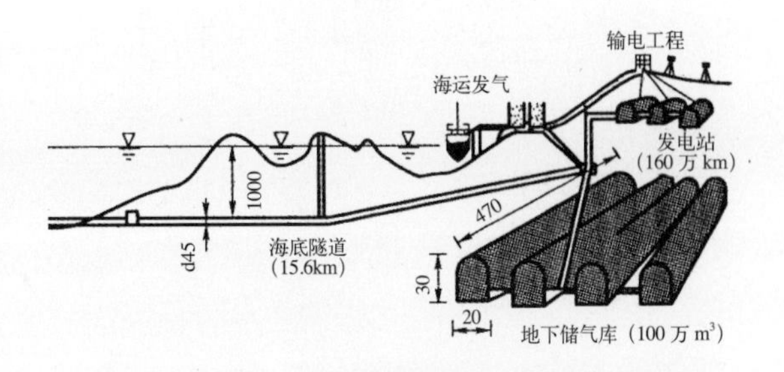

图 79 奥托－内莫达气体燃料电站总体示意图

挪威是斯堪的那维亚半岛西边紧靠大西洋的一个狭长的滨海国家，历史上国民经济以航海、造船、捕鱼为主。直至 20 世纪 50 年代末，挪威的工业界自称对石油一无所知，但 60 年代挪威西海岸的北海 (可能由于在英伦三岛的北边而得名) 发现了油气蕴藏相当于 60 亿 t 的等价石油，几年之后挪威就一跃成为北欧的产油大国，年产 5000 多万 t(1988

年统计)，年人均 13t(因为全国人口只有 400 万)。

80 年代末期，挪威筹建了发电量为 160 万 kW 的奥托 - 内莫达气体燃料电站 (The Gas Power Station in Outer-Namdal)。该工程共包括以下四部分，如图 79 所示。

(1) 处于海平面以下 1000m 深、圆形断面直径 4.5m、总长 15.6km 的海底隧道，将哈尔顿巴肯开采的天然气送到陆上。

(2) 在海滨岩层内修建一个容积 100 万 m^3、相当于 100 万 t 液化天然气的大型储气库，该库处于海平面以下 1000m 深 [可提供 100bar(即 10MPa 水头)]。

(3) 山体上层兴建一个大型蒸汽与压缩气联合驱动的地下电站。

(4) 有关电力生产与输送工程。

我们感兴趣的是它的第 (2) 项即大型地下储气库，由于天然气常压降至 −160℃才能液化，需要消耗大量的能量，故采用常温高压储存，这就是必须要处于海平面以下 1000m 深的位置才行，作者参加了这项工程关于“深水地下岩洞的有限元分析”。

5 结论

现在我们可以简要地归纳一下：

(1) 力学是物理学乃至整个基础科学的发端和基础，是自然科学中历史最悠久且体现了极强的引领性和普适性的学科，在很多基础学科中都有各自的力学分支，如天体力学、地质力学、生物力学等等；

(2) 力学与国民经济各行各业密不可分，特别是技术科学与工业行业，力学在其中起着核心与主导作用，这种作用是由力学的基础性和普适性决定的；

(3) 力学在行业和技术发展中往往是超前的，这种超前性促进了有关行业和科学技术的发展，如牛顿力学关于宇宙速度的预见促进了喷气飞行及宇航的实现；

(4) 产业、产品的“首”、“尾”，大都与力学密切相关。发电要由力推动转子旋转；机械制造业中的车、钳、铆、压、钻又是由电动机转换成力学行为来实现的；

(5) 高科技和重大工业的发展往往也首先要克服力学上的障碍，如卫星和航天器是靠火箭喷管内燃料燃烧连续外喷产生的反作用力把航天器一步一步推上天的，无论我们采用什么技术措施，其最终是一个力学目标或力学标致或力学作用；再如海上航行的大型船舰无一不设有那个维持稳定的重达 100 多 t 的回转器（陀螺），靠它的高速旋转维持了海上航行的稳定和安全；地震的应力释放和巨大的破坏力也是一种力学效应，防震和减灾其手段也多是首先从力学的角度来考虑的。近代通讯的光纤它碰到的一个不可回避的问题就是它抗拉、抗折等力学性能，否则很难敷设更难架设。

（此文后面附有 5 个附录，均为主要的力学物理知识，欢迎读者参阅）

附录1　宇宙、银河系、恒星、太阳系、地球

附录1.1　宇宙

宇宙最初是由缓慢凝结而成的非常稀薄的气体，随着凝结而逐渐收缩，在一次大紧缩中形成一个“宇宙蛋”，质量高度集中后开始了释放能量的大爆炸，形成了恒星和各种星系组成近乎没有边际的庞大天体。我们现在观察到的宇宙，其边界大约有100多亿光年。它由众多的星系所组成。地球是太阳系的一颗普通行星，而太阳系是银河系中一颗普通恒星。宇宙学还有一个大致相同的说法：我们所观察到的宇宙，在孕育的初期，集中于一个很小、温度极高、密度极大的原始火球。在150亿年到200亿年前，原始火球发生大爆炸，从此开始了我们所在的宇宙的诞生史。大爆炸的说法，目前被多数科学家认可。

附录1.2　银河系

银河系是一个宇宙大爆炸时星系之一，比普通星系稍大一些的天体系统，它由2000多亿颗恒星和许多星云等天体组成。银河系的直径有10万光年。侧视银河系像个“铁饼”，是一个旋涡星系，从球状中心伸展出一些弯曲的由星系组成的旋臂，详见附图1。

附图1 由太空拍摄的银河系

银河系恒星总数大约有3000亿颗，它们占整个银河系总质量的90%以上，银河系的范围很大，银盘直径约8万5千多光年。就是说，光从银河系的一头走到另一头，约要8万5千多光年。银盘的平均厚度约为6500光年，中心核球直径约1万光年。在核球中央还有一个小小的银核，直径约30光年。在银盘以外的部分称为“银晕”，它的直径约为10万光年。在银晕之外，还有极稀薄的气体组成的“银冕”。银冕一直伸展至离中心30万光年的范围。

附表1给出一个宇宙天体系统表。

天体系统表　　**附表 1**

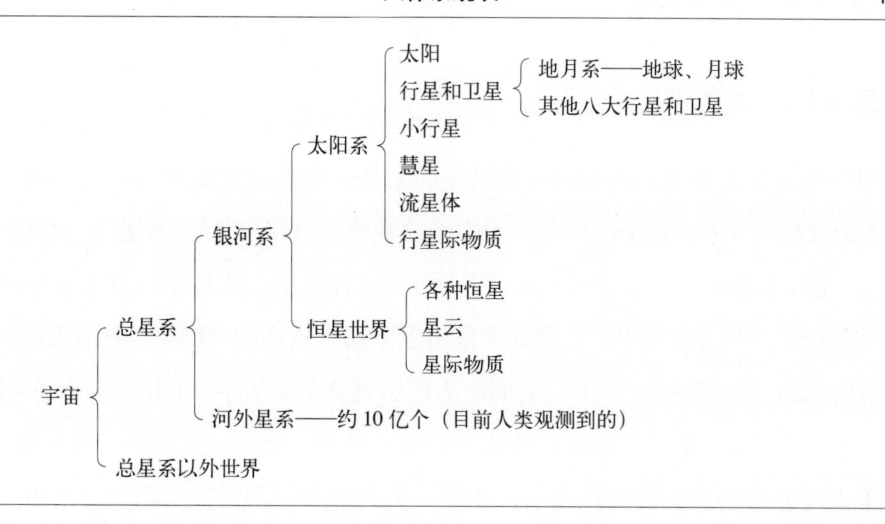

附录 1.3　恒星

在各种天体之中，最基本的是恒星和星云。恒星是由炽热气体组成的，能自己发光的球状天体，它有很大的质量，夜空里的点点繁星，差不多都是恒星，人们用肉眼可以看到的恒星，全天就有六千多颗，借助于天文望远镜，可看到几十万乃至几百万颗恒星。太阳是距离我们地球最近的恒星，而现在能够探测到的最远天体，距离地球约为 200 亿光年。恒星发光的能力有强有弱，表面的温度也有高有低。一般说来，恒星表面的温度越低，它的光越偏红；温度越高，光越偏蓝。而表面温度越高，表面积越大，光度就越大。恒星诞生于太空中的星际尘埃（科学家形象地称之为“星云”或者“星际云”）。恒星一生中最长的黄金阶段占据了整个寿命的 90%。在这段时间，恒星以几乎不变的恒定光度发光发热，照亮周围的宇宙空间。在此以后，恒星将变得动荡不安，变成一颗红巨星；然后，红巨星将在爆发中完成它的全部使命，把自己的大部分物质抛射回太空中，留下的残骸，也许是白矮星，也许是中子星，甚至黑洞……就这样，恒星来之于星云，又归之于星云，走完它辉煌的一生。

恒星的本质特征有三：① 由炽热气体组成的球状天体；② 自己能发光并不断地向外释放能量；③ 体积和质量都很大，离地球最近的恒星就是太阳。

附录 1.4 太阳系

附录 1.4.1 太阳系组成系统

太阳系是由受太阳引力约束的天体组成的系统，它的最大范围约可延伸到 1 光年 (1 光年走的距离约为 94605 亿 km) 以外。太阳系的主要成员有：太阳 (恒星)、八大行星（包括地球)、无数小行星、众多卫星 (包括月亮)，还有彗星、流星体以及大量尘埃物质和稀薄的气态物质。在太阳系中，太阳的质量占太阳系总质量的 99.8%，其他天体的总和不到太阳系的 0.2%。太阳是中心天体，它的引力控制着整个太阳系，使其他天体绕太阳公转，太阳系中的八大行星 (水星、金星、地球、火星、木星、土星、天王星、海王星) 都在接近同一平面的近乎圆形的椭圆轨道上，朝同一方向绕太阳公转。见附图 2 给出了太阳八大行星的运行轨道及各行星由小到大的示意图，附表 1 进一步给出了围绕太阳旋转的各行星的有关数据，表下的注中还给出了太阳和月球的有关数据。

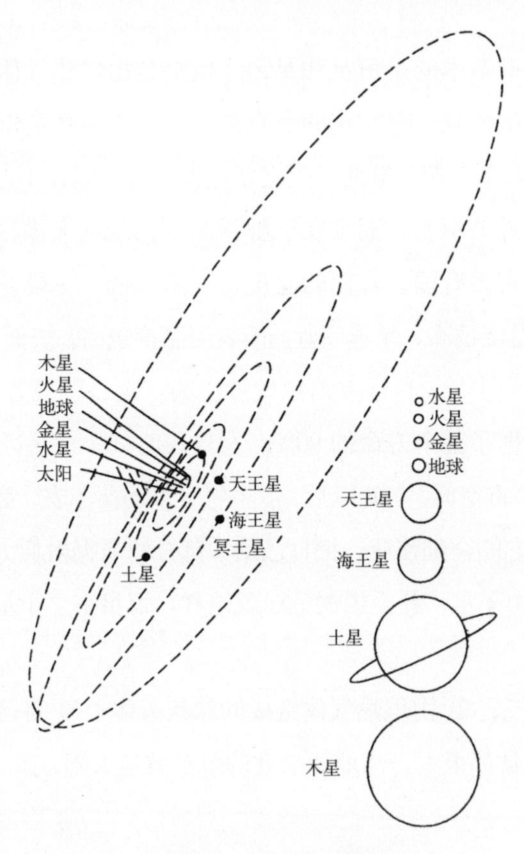

附图 2 太阳系示意图，
按照行星的相对大小竖向排列出次序

太阳系各行星的有关数据　　**附表 2**

行星	$\bar{d}$ /km	$\bar{s}$ /km	$\bar{\rho}$ /(t/m^3)	$\bar{C}_a$	$\bar{w}$
水星	4880	0.58×10^8	5.48	88d	58.65d
火星	6790	2.28×10^8	3.93	1.88a	24.5h
金星	12100	1.08×10^8	5.25	224.7d	243.09d
地球	12756	1.5×10^8	5.518	365d	24h
天王星	51800	29×10^8	79.75	84a	25h
海王星	49500	45×10^8	82.9	164.8a	
土星	120000	14.3×10^8	0.7	29.458a	10.67a
木星	142800	7.78×10^8	1.34	11.862a	9.85h

注：1. 表中 $\bar{d}$ 为行星的平均直径；$\bar{s}$ 为离太阳的平均距离；$\bar{\rho}$ 为密度；$\bar{C}_a$ 为绕太阳公转一周的时间；$\bar{w}$ 为自转周期。地球自转轴比垂直轴倾斜 23.45°，所以当北极倾向太阳时，北半球是秋冬，南半球季节则正相反。
2. 太阳平均直径 1392000km，质量是地球的 330000 倍，是太阳系中所有行星总和的 745 倍。
3. 地球有一颗卫星月球，绕地球旋转一周为 29.53d，该卫星离地球的平均距离 $\bar{s} = 384401$km，月球平均直径 $\bar{d} = 3480$km。

太阳系以 230km/s 的速度完成它围绕银河系中心的运行，银河系则以 90km/s 的速度接近它的伴星系——仙女星系。它们俩都属于绵延约 1000 万光年的“本星系群”，这个本星系群又以约 600km/s 的速度移动，被室女星系团吸进本超星系团。本超星系团的范围约 6000 万光年。本超星系团、长蛇座与半人马座超星系团，又落向另一个更大的星系集团，天文学家称之为“大引力源”。这些星系团与超星系团，形成了范围有几亿光年大的垣状和丝状结构，这些垣状和丝状结构很像生物体内的细胞组织。

附录 1.4.2　太阳的构成及太阳风暴

附图 3 给出了一个太阳构成示意图，图中可以看出太阳核心、光球层、色球层、太阳黑子等不同的构成状态。太阳只能说是一个相对稳定的恒星，它有时也常产生风暴称太阳风暴，2010 年 8 月 1 日爆发、8 月 4 日到达地球的风暴引发了人们的热议和关心，笔者特意在此展开一点。

图 4(a) 给出了一幅美国航天局公布的由卫星拍摄的 2010 年 8 月 9 日太阳活动的照片，图 4(a) 的左侧是中科院空间中心及紫金山天文台专家们的简略注释。

太阳风暴并不是一个科学术语，只是一种通俗的说法。从专业角度分析在黑子 (详见附录 3.4) 活动高峰阶段，太阳会产生一系列剧烈的爆发活动，比如太阳耀斑、日冕物质抛射等。这个过程太阳会向四面八方释放出大量带电粒子，并形成高速电子流。这其中，那些撞上地球并对地球空间环境造成危害影响的活动就叫太阳风暴。

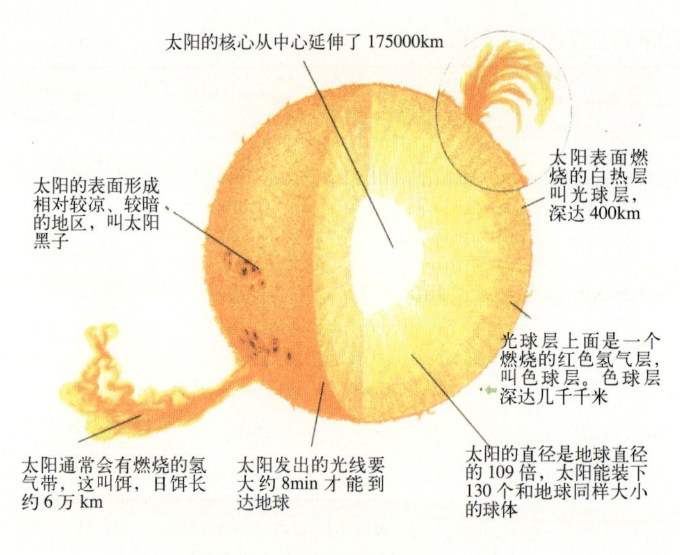

附图 3 太阳的构成示意图

太阳风暴与太阳黑子和太阳的能量释放密切相关，要想认识太阳风暴，要先弄明白三个概念，什么是太阳黑子、耀斑和日冕物质抛射。太阳黑子是一种形象的叫法，由于太阳磁力线管与太阳表面相交，磁力线束缚使得管内的物质较周围温度为低，呈现出颜色较暗的黑点，太阳黑子因此得名。

太阳黑子数量的平均变化周期约为 11 年，称为太阳活动周期，每个周期的太阳黑子分布图又被形象地称为“蝴蝶图”（若以黑子出现的纬度为纵坐标，以时间为横坐标，所绘制的黑子分布图形似蝴蝶，故名）。上一个太阳活动周期从 1996 年开始到 2009 年结束，持续了 13 年。目前太阳已进入了新的活动周期，从现在起到 2015 年前后，太阳将越来越活跃。

耀斑和日冕物质抛射是太阳活动的重要表现，是太阳风暴的源头。太阳耀斑是太阳表面局部区域突然和大规模的能量释放过程，一个大的耀斑可发射高达 10^{25}J 的能量，相当于全世界每个人“挨”一颗氢弹，或者是 1000 万座火山同时喷发的能量。

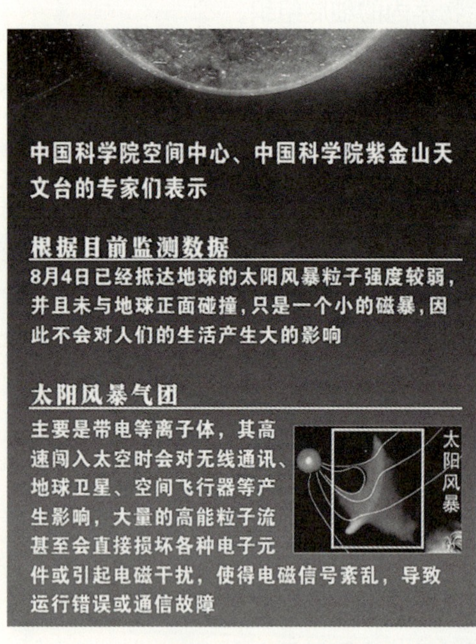

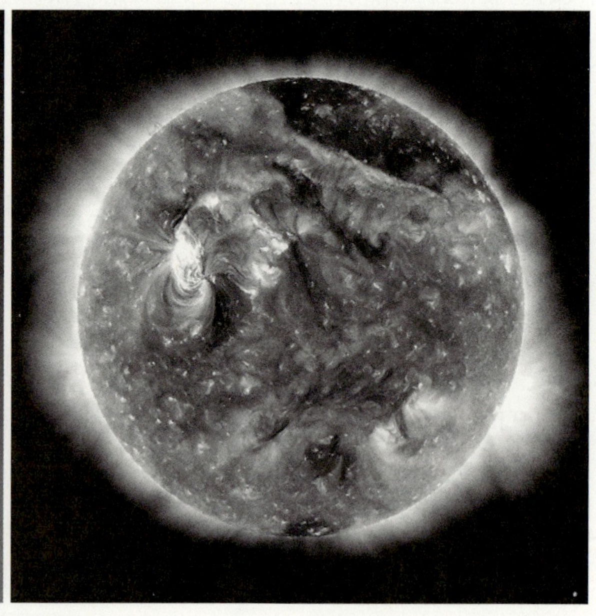

附图 4(a) 美国航天局公布的由卫星拍摄的 2010 年 8 月 9 日太阳活动照片

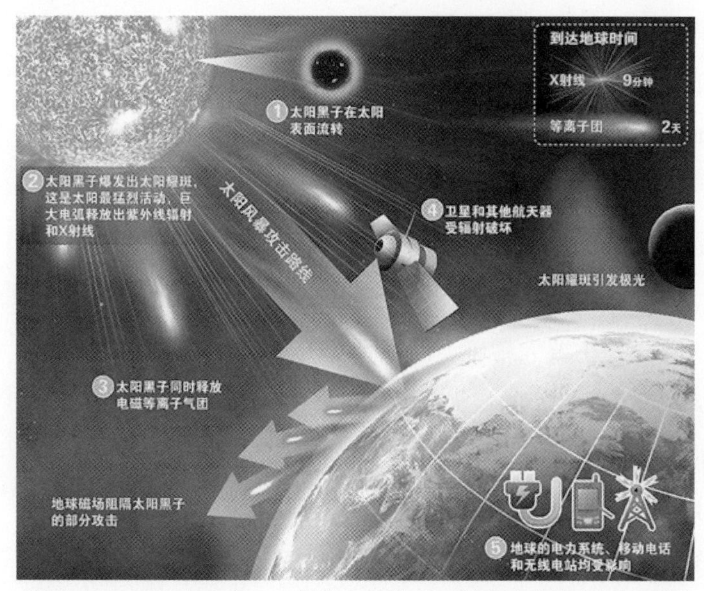

附图 4(b) 2010 年 8 月 1 日爆发、8 月 4 日到达地球的太阳风暴影响地球示意图

日冕物质抛射则是太阳日冕中的物质向外喷射的现象。大的日冕物质抛射可将上百亿吨物质加速到每秒几百甚至上千 km，最快可达每秒 2000 多 km，这个速度相当于空客 380 飞机最高速度的 7000 多倍。

耀斑和日冕物质抛射喷发的物质和能量虽然绝大部分消散在太空中，但是还是会有少量冲撞地球，这会给我们居住的蓝色星球的空间环境带来影响，这种影响究竟有多大，具体情况不同，影响大小也很不相同。

尽管太阳活动周期仅为 11 年，但即使如此频繁的太阳活动，历史上却少有其造成重大灾害的记载。不过，近一个世纪以来，太阳风暴对人类生活的影响正变得越来越大，一个重要原因是随着人类进入电力时代，太阳风暴的威胁也相伴而来。历史上曾发生多次严重的太阳风暴事件，其中 1859 年发生的“卡林顿事件”是历史记录中最大规模的，堪称“超级太阳风暴”。强烈的地磁效应使得刚刚形成的电报网络陷入瘫痪。20 世纪迄今对人类影响最严重的太阳风暴发生在 1989 年，在 90s 内烧毁 1 万多个变压器，致使加拿大魁北克省电力中断 9h。

太阳风暴最直接的危害，就是对太空中航天器的威胁。强烈的太阳风暴可能会造成卫星芯片击穿、控制紊乱，甚至使航天器的轨道偏离，几乎每次大的太阳风暴过后都会有卫星损坏的报告。而且，太阳风暴的剧烈辐射还会对宇航员的健康构成严重威胁。

此外，太阳风暴的大量带电粒子掠过地球，一方面会使地球电磁场发生变化，引起地磁暴、电离层暴，并影响无线电通讯特别是短波通讯，并进一步波及航空运输以及卫星导航装置等。另一方面，太阳风暴还会对高纬度地区地面的电力网、长距离管道感应出强大电势，造成电网过载、管道腐蚀，影响输电、输油、输气管线系统的安全。

太阳活动对气候生态的长期影响是肯定的，但具体作用机制尚不清楚。目前尚无证据表明，太阳风暴与天气、地震、物种灭绝有直接关系。

需要说明的并不是每个太阳耀斑、日冕物质抛射都会对地球造成影响，它们爆发的方向是否正对地球、太阳风暴到达地球后所剩能量有多大，这些都是考量的重要因素。而且，有地球磁层的保护，太阳风暴对人类生活的影响会大大降低。这好比人体的免疫系统，保护着人体健康。只有携带与地球磁场极性相反磁力线的日冕物质抛射才会割断地球磁力线，撕裂地球磁层进入地球。

另一方面，这次爆发的只是一次C级耀斑，属于弱耀斑，对地球的威胁有限。耀斑从小到大通常可分成A、B、C、M、X五个级别，每个级别中又可划分10个等级。一般地球上观测到的弱耀斑是C级，M级是主要大耀斑，而X级则是极大耀斑。在每个太阳活动高峰期，一般会产生10个左右X9级以上的极大耀斑。

针对美国航空航天局发出的“2013年前后，一场大规模的太阳风暴将以前所未有的能量冲击地球”的警告，介绍说，“所谓的卡林顿事件似的‘超级太阳风暴’属于极小概率事件”。之所以会有这种警告，原因在于太阳活动周期每11年达到峰值，预计2013年太阳黑子出现的数量为最多达到峰值，于是太阳风暴发生的机会就多。公众没必要产生恐慌，当然科学家们也肯定不会掉以轻心。

目前，人类还不能预测太阳风暴的发生，但是通过监测太阳的活动，我们完全可以像预报台风登陆一样，预测太阳风暴对地球的影响时间和力度。如果是耀斑活动，从太阳耀斑产生到地球上观测到耀斑活动，大约需要8min的时间。而太阳风暴中产生的高能粒子到达地球大概需要半个小时。另外日冕抛射的带电粒子到达地球的时间为数十小时。在这个时间间隔内，我们完全可以从引起耀斑的太阳磁场扭曲程度，大致判断出即将发生的太阳风暴的大小。如果是日冕物质抛射活动，那它一般需要半天至三四天才能到达地球进而影响地球磁场。我们可以通过监测太阳的活动发出预警，从而采取主动的防御措施，比如卫星处于收藏状态，对磁高纬地区降低输电线电压或关闭电网，暂停跨越地球极区的航空服务等，躲开或减少太阳风暴对人类的危害。

据介绍，我国已基本建成能够对包括太阳磁场在内的多种物理参量进行测量的地基太阳观测体系。国家天文台、紫金山天文台、云南天文台等有多种先进的光学、红外、射电等波段的太阳观测仪器，云南天文台一米红外太阳塔和国家天文台射电日像仪等新型设备也正在建设中，将可在太阳风暴监测中发挥重要作用。

专家指出，由于地基观测会受到地球大气的影响，通过航天器进行空间观测更具有优势。遗憾的是我国目前还没有一颗专业的太阳物理观测卫星运行，这限制了太阳物理研究和空间科学的发展。

附录 1.5 地球

附录 1.5.1 构成

地球从地表向内分别称为地壳、上地幔、下地幔、外地核、内地核等不同区域，附图 5 给出了一幅地球剖面主要分层图，可以看出地壳的平均厚度最小仅为 15km，呈固态而坚硬，往内上下地幔加在一起的厚度大约 3600km，地幔呈炽热的固液态混合物，再往内就进入地核了，内外地核厚度约 3500km，多为铁、镍等金属组成的溶融液态体，温度高达 5000 多摄氏度。地球平均密度为 5500kg/m^3，地壳平均密度 52800kg/m^3。

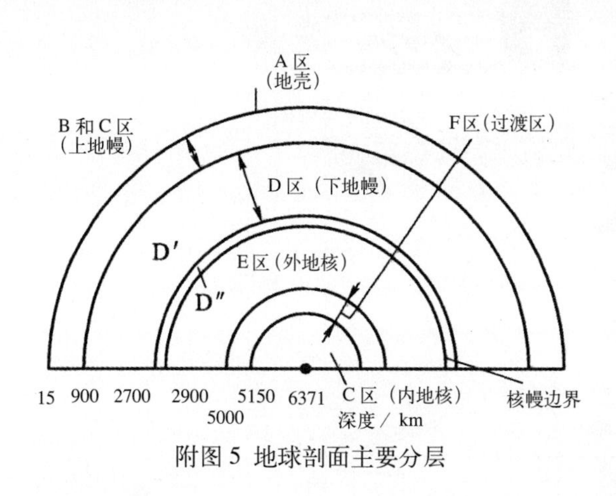

附图 5 地球剖面主要分层

地球形成初期没有大气层，由于地球引力很大，把从内部喷发出来的氨、甲烷、水汽、一氧化碳、二氧化碳等吸引住，经过漫长的过程，藻类等生物导致大气中游离氧增多，有人推测距 30 亿年前大气中的游离氧约为现在的 0.1%，10 亿年前则升至 10%，以后则越来越多逐渐形成今天的大气层。附图 6 给出了一幅地球大气层的状态图。

水圈大约在 38 亿年前由于温度降低大气中的水汽凝结为液态水降落到地面而逐渐形成的，有了水自然生物就大量繁衍了。

附录 1.5.2 地球自转、公转与季节

1. 公转

地球公转是地球绕太阳有规律的旋转，方向是自西向东［见附图 7(a)］，公转的轨道是条封闭近似正圆的椭圆轨道，地球位于椭圆的一个焦点上，近日点的日地距离 14660 万 km，远日点为 15210 万 km。地球每年 1 月 3 日～1 月 4 日通过近日点，7 月 3 日～7 月 4 日通过远日点，地球绕日公转的角速度平均每天自西向东移动 1°，而其平均线速度则为每天 30km。公转轨道的平面又称黄道平面，该平面与地轴成 66.5° 即地轴与黄道面的垂线成 23.5° ［见附图 7(a)］。

由于地轴在宇宙空间的倾斜方向不变，因此在地球公转时，太阳直射点在地球的南北回归线之间往返移动，当太阳直射北纬 23°26′(北回归线)就是北半球的夏至日 (6 月

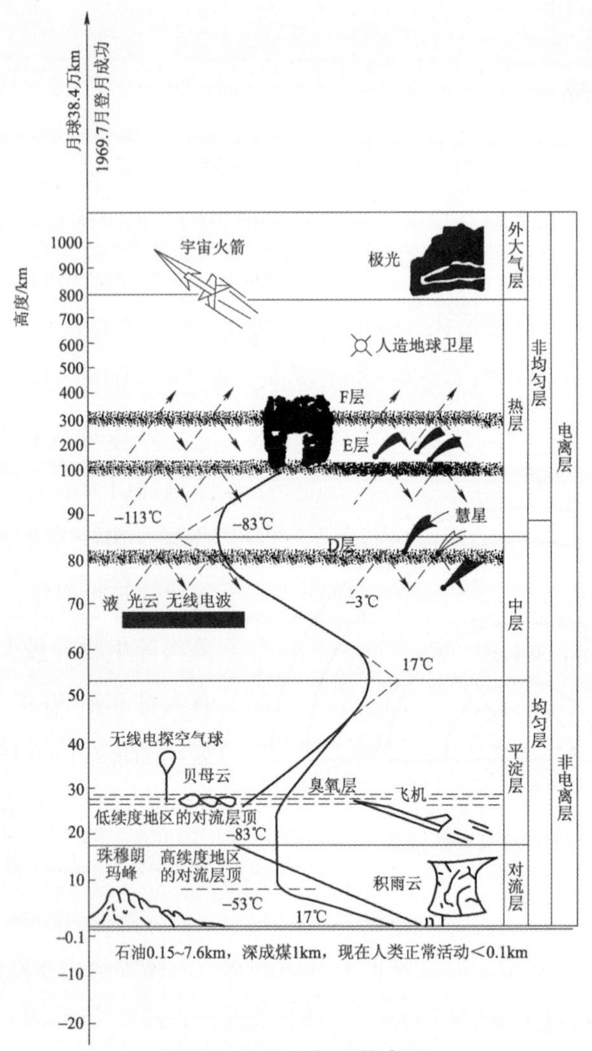

附图 6 地球大气层状态图

22 日前后），此后，太阳直射点南移到 9 月 23 日前后太阳直射赤道，这就是北半球的秋分日，12 月 22 日前后太阳直射南纬 23°26′（南回归线），这一天是北半球的冬至日，至此太阳直射点北返到 3 月 21 日前后，太阳再次直射赤道时，这天是北半球的春分日。

由于黄赤交角的存在，地球在绕太阳公转的过程中，引起了各地正午太阳高度和昼夜长短的周年变化，从而在地球上产生了四季的更替，春、夏、秋、冬四季的差异，主要反应地面上接受太阳热能量的多少，接受热能的多少，又主要取决于太阳光照射的角度，这个角度就是太阳光与地平面的夹角，这个夹角又称太阳在当地的仰角，在一年中夏季太阳最高，在一天中午太阳最高。太阳高度角越大，就越接近直射，地面上的单位面积获得的热能量就越大，所以，天文四季的划分主要受正午太阳高度变化的影响。

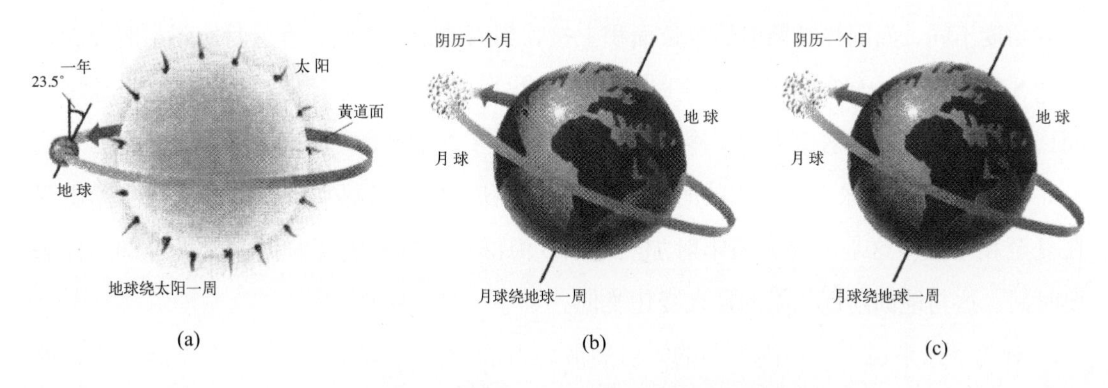

(a)　(b)　(c)

附图7 地球公转、自转及月球绕地球旋转图

2. 自转

地球自身绕地轴旋转叫自转，地轴有一定的倾斜，与地球公转轨道面(又称黄道面)有66.5°的倾角(见附图7(a)，注意附图7(a)给出的是地轴与黄道面垂线的夹角23.5°)，自转方向自西向东但要注意如果站在北极观察地球是“逆时针旋转的”，反之如果在南极则会观察到是“顺时针旋转的”。

地球自转一周是23时56分4秒(通常说的24h)，自转的角速度为15°/h，而线速度则随各地纬度圈的高度不同而异，在赤道自转线速度最大为1670km/h，在南北纬40°则为1263km/h。

地球自转一周(360°)24h，这样每转15°为1h，于是人们以15°来划分经区，全球划分了24个小时区。以0°经线为中央经线，从西经7.5°至东经7.5°划为中时区，叫0时区，在中时区以东分别为东1区至东12区；中时区以西则冠以“西”字。国际规定以英国格林威治天文台旧址为0°线的时间作为全球的“标准时”，但新的一天国际规定把180°的经线作为国际日期变更线，这条线的左(西)边是新的一天的开始，而右(东)边是旧的一天的最后时刻。

3. 季节

地球上的天气并不完全受太阳条件所支配，还受到地球自身特点的影响。首先，地球除了绕太阳公转，同时还绕地轴做自西向东的自转。这种自转，决定了地球上风和洋流的盛行方向，对不同天气的形成产生重要影响。其次，地球相对于它的绕日轨道平面(黄道面)是倾斜的，地轴与黄道面垂线的倾斜角是23.5°[见附图7(a)]。地球的这种斜着“身子”旋转的特点，使日光照射到地球上任一地点的角度是有变化的，这也恰好说明了四季形成的真正原因。

附图8表明，在地球绕太阳运行一周(一年)的过程中，由于冬至与夏至时太阳光的入射角度不同，而同样被照射的单位面积上接收到的能量也不同，直射时比斜射时要大，附图 8 显示由于地轴的倾斜，夏至时太阳直射北半球，所以夏天北半球热而南半球冷，而到冬至时太阳又直射南半球，冷热关系又反过来了。于是，形成了春夏秋冬四季。

有趣的是，地球上最宜人的时候不在春分和秋分，最炎热和最寒冷的天气也不出现在夏至和冬至。这是因为太阳辐射加热地面、海洋和大气均需要时间，大气冷却同样需要时间。这与地面附近气温的昼夜变化类似。

对北半球来说，一年内太阳的入射短波辐射能量在夏至时最大，在冬至时最小；地球射出的长波辐射能量在夏至后一个月达最大，冬至后一个月达最小。所以气温也在夏至和冬至后一个月达到最高和最低。同样，一年内入射辐射能量在春分和秋分时达到全年的平均值，射出辐射在春分和秋分后一个月达到全年的平均值，所以春分和秋分后一个月的气温是全年中最宜人的。

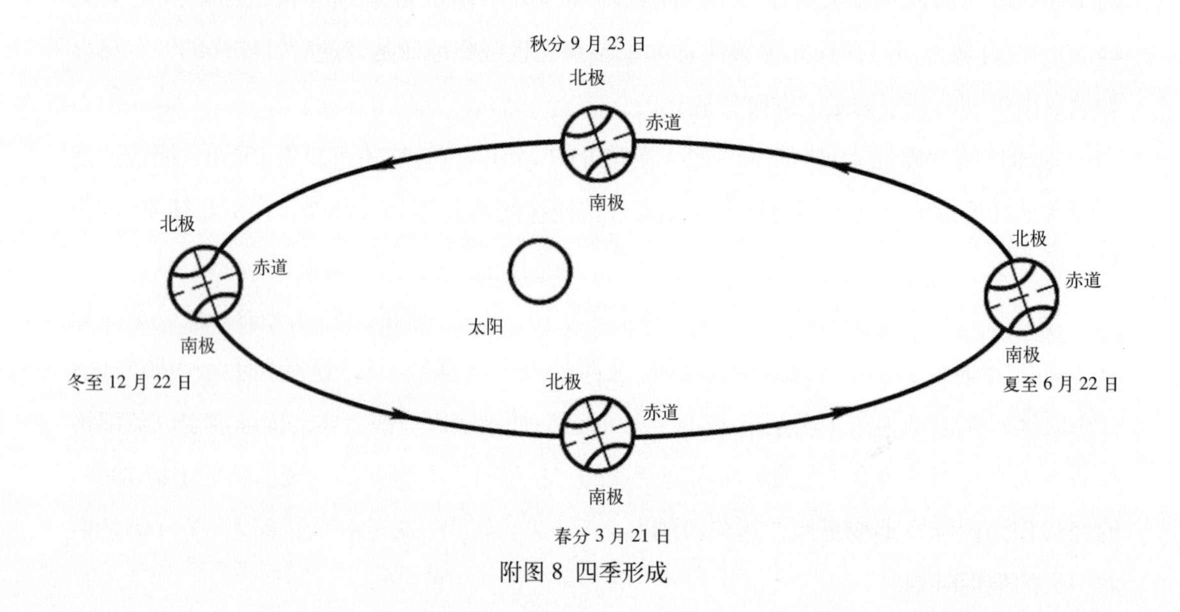

附图 8 四季形成

附录 2　粒子、电子、等离子

附录 2.1　粒子

又曾称“基本粒子”。附图 9(a) 给出了一幅基本粒子的构成图。1897 年，汤姆逊发现了电子，它带有负电，电量与一个氢离子所带的电量相等。它的质量大约是氢原子质量的 1/1800，它存在于各种物质的原子中，这是人类发现的第一个更为基本的粒子。其后，1911 年卢瑟福通过实验证实原子是由电子和原子核组成的。1932 年又确认了原子核是由带正电的质子（即氢原子核）和不带电的中子（它和质子的质量差不多相等）组成的。这种中子和质子也成了“基本粒子”。1932 年还发现了正电子，其质量和电子相同但带有等量的正电荷。由于很难说它是由电子、质子或中子构成的，于是正电荷也加入了“基本粒子”的行列。现代人们提到“粒子”这个概念一般泛指比原子核小的物质单元，包括电子、中子、质子、光子，以及在宇宙射线和高能物理实验中发现的一系列粒子。附图 9(b) 给出 6 种基本粒子示意图，从上到下展示了人们从物质、分子、原子直到夸克的认识过程。目前已经发现的粒子有 30 余种，连同共振态共有 300 余种。每种粒子都有确定的质量、电荷、自旋、平均寿命等。多数粒子是不稳定的，在经历一定平均寿命后转化为别种粒子。粒子有的是中性的，有的是带正电或负电，电量大小与电子相同。它们的质量大小有很大差别，一般可按其质量大小及其他性质的差异而把粒子分为光子、轻子、介子、重子（包括核子、超子）四类。

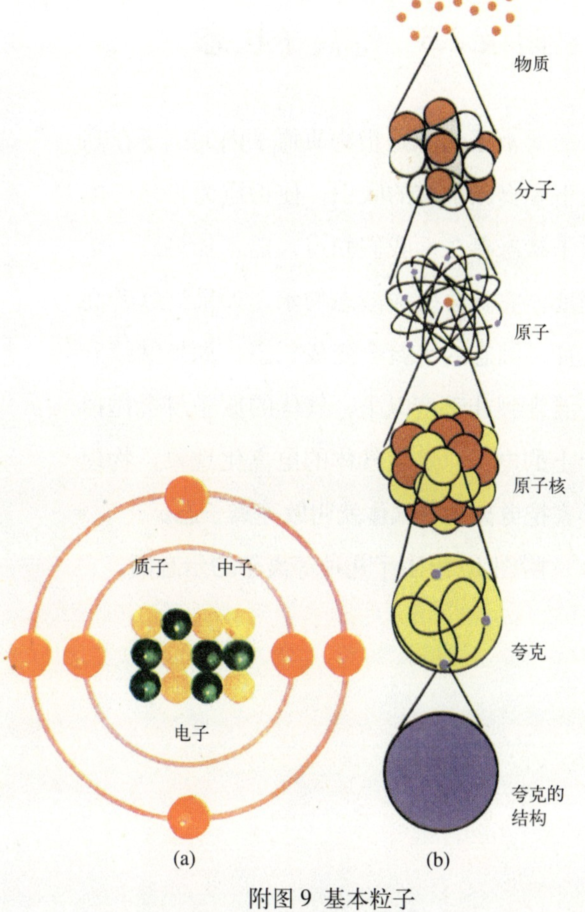

附图 9　基本粒子

(a) 基本粒子构成；(b) 基本粒子的认识过程（从上到下）

粒子间的相互作用。

自然科学发现了物质与物质之间所有的都存在相互作用，物质是由粒子构成的，并由粒子间的相互作用所控制。物质之间的相互作用可以归结为粒子与粒子之间的相互作用。可以说，一种相互作用就是一对粒子间的相互作用。在这种相互作用中，存在的粒子可以消失，粒子的总数在反应中可以改变，不变的只是系统的总能量、动量和角动量等。

附录 2.2 电子

最早发现的粒子，带负电，电荷量为 1.602117×10^{-19}C，是电荷量的基本单元。质量为 0.91093897×10^{-30}kg。常用符号 e 表示。1897 年英国物理学家约瑟夫 · 约翰 · 汤姆生在研究阴极射线时发现，一切原子都由一个带正电的原子核和围绕它运动的若干电子组成。电子的定向运动形成电流。

附录 2.3 等离子状态

等离子状态是指物质原子内的电子在高温下脱离原子核的吸引，使物质为正负带电粒子状态存在。我们知道，把冰加热到一定程度，它就会变成液态的水，如果继续升高温度，液态的水就会变成气态，如果继续升高温度到几千度以上，气体的原子就会抛掉身上的电子，发生气体的电离化现象，物理学家把电离化的气体就叫做等离子态。

附图 10 给出了几种等离子的示意图。

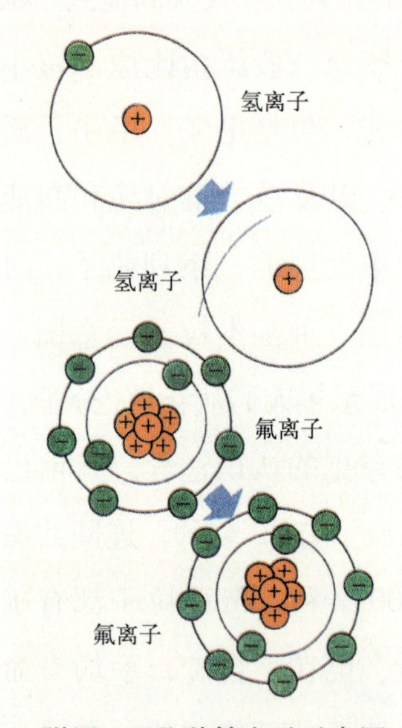

附图 10 几种等离子示意图

附录 3　引力、场、引力场及黑洞

附录 3.1　牛顿万有引力

牛顿万有引力是物体间由于质量而引起的相互吸引力，这种力存在于地球万物之间。地面上物体所受到的地球对它的吸引力，就是万有引力。牛顿在开普勒定律和自由落体定律的基础上首先肯定了这样一种吸引力的存在，并确定了质量分别为 m_1 和 m_2 相距为 r 的两质点间，这力的大小为 $F = Gm_1m_2/r^2$。其中 G 称为“引力常数”，等于 $6.67259 \times 10^{-11}\mathrm{m}^3/(\mathrm{kg} \cdot \mathrm{s}^2)$。地面上两物体间的万有引力，一般很小，但对质量大的天体，这个力就很大，例如地球和太阳之间的吸引力大约为 $3.26 \times 10^{-22}\mathrm{N}$，这样大的力如果作用在直径 9000km 的钢柱两端，可以把它拉断。万有引力定律的发现奠定了天体力学的基础，揭示了天体运行的基本规律，从而解释了极多的地面现象和天体现象，例如哈雷彗星、地球的扁形，预测了海王星、冥王星的位置等。它也是宇宙航行计算的基础。

附录 3.2　牛顿引力与相对论不相容

在微观范围内，以质量为前提的万有引力比电磁力弱得不可比拟，比如在氢原子中，质子与电子之间的电磁力比他们之间的万有引力大 1039 倍，牛顿的万有引力无法解释了。

爱因斯坦从质能方程 $E = mc^2$ 看到了质量是能量的一种形式。高速运动的粒子尽管质量本身并不大，但其能量则是很大的，这就是质子与电子之间的电磁力比以质量为前提的万有引力要大 1039 倍的原因。在狭义相对论中证明质量和能量是同一事物的两个不同方面可以互相转化而且还证明少量的质量转化能够释放巨大的能量。空间中是充满着各种各样的微粒的，所以爱因斯坦认为引力是空间的一种性质，而不是物体间的一种力，因为各种物质及其能量的存在空间被弯曲了，而物体会顺着阻力最小的曲线前进。这使我们看到了爱因斯坦的引力观是以引力空间或引力场的概念来理解的，它既适用宇宙宏观物体也适用于微观粒子。

他的广义相对论的基本论点之一是引力来源于弯曲。正是太阳可以说是其质量产生了引力，更可以准确地理解为它的强大的质量和能量迫使其周围的时间和空间发生了弯曲，这种“时空弯曲”影响着行星和光的运动，使它们不是按照牛顿力学所描述方式在运动，而是按现在时空弯曲的方式在运动，参见附图 11 物体在弯曲时空运动示意图。

附图 11 物体在弯曲时空运动示意图

附录 3.3 场、引力场

场的概念是用来描述空间各点的某种物理现象的，它可以是物质场，例如引力场、电磁场也可以是某种物理量，如连续介质的位移场、应力场等等。

粒子的质量是球形向外无限伸展的引力场的源，而场的强度则与离源距离的平方成反比。

太阳和地球都有极强的引力场，它们之间互相吸引，虽然相隔 15000 万 km 仍然相当牢固地聚焦在一起，如果宇宙再度收缩，那也是作用长达数十亿光年的引力吸引的结果。

还有带电荷的粒子是引力场的源，电磁场由中心向外任方向无限地伸展，强度随中心距离的平方而减弱。既具有质量又带电荷的（任何电荷都具有质量）的粒子，当然同时也是引力场的源了。

每一个强子（包含介子和重子及组成它们的夸克）都是一个向外无限伸展的力场源，强度却随距离急剧减小，以至于在原子核大小的区域外就无法察觉。在原子核中具有压倒性优势的力场，即使在两个高速粒子以原子核大小的距离相互掠过的情形下，一样相当强大，但是当两者距离大于原子核直径时力场就可忽略不计。这种力场对一般天体的运动可以说毫无影响，但是对于星核内的活动，却相当重要。

轻子（指电子和正电子，其质量仅为中子、质子等质量的 1/1836，所以被称为轻子）同样具有一个只有原子核距离才能察觉到的力场源。事实上，它和强子力场同属核力场，但它们之间有极大的不同，不只是造成力场的粒子不同，而且强度也不同。强子造成的力场，在粒子与粒子之间其场强为电磁场强度的 137 倍。轻子造成的力场仅有电磁场强度的 10^{-11}。因此强子力场通常称为强相互作用。而轻子力场均称为弱相互作用。（注意，

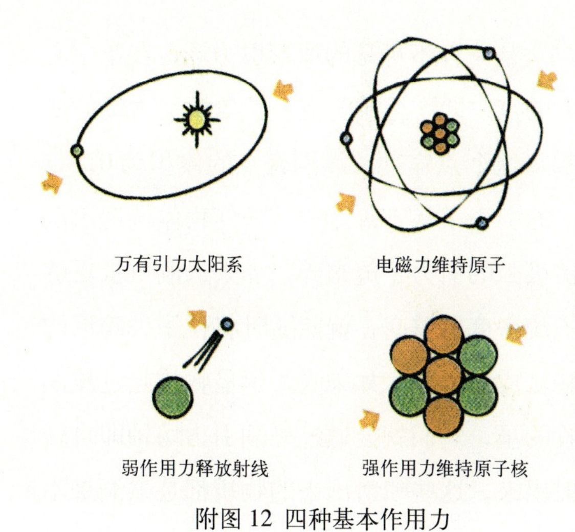

附图 12 四种基本作用力

弱相互作用和强相互作用及电磁相互作用，虽然微弱，但仍然约为引力相互作用强度的 10^{28} 倍）。

是什么束缚着电子以光束围绕原子核运行？是什么束缚着太阳系九大行星长期围绕太阳运行？是什么束缚着银河系千亿颗恒星围绕着银心运行？为什么它的运行规律如此相似？是因为它们受到同一种力的束缚，那就是引力场中的引力。为什么小到粒子、原子、水珠、球状病毒、细胞，大至行星、恒星、星系、宇宙，自然界中有非常多的物体都呈球形？这是因为，宇宙中存在球形引力场和球形反引力场在相互对抗、相互协同，而这些球形的形成是一种平衡、对称的表现。

现在我们概括地说：自然界有四种基本作用力且各自发挥着不同的作用，① 万有引力维持宇宙及太阳系；② 电磁力维持原子；③ 弱相互作用力释放射线；④ 强相互作用力维持原子核，详见附图 12 四种基本的力示意图。

附录 3.4　黑洞引力场 黑洞

宏观天体（不包括微观物质形成的引力场）存在着集成引力场和黑洞引力场两种，前者是天体多星系赖以相对稳定的保证，如太阳的集成引力场直径超过整个太阳系的直径这样才能束缚住太阳系所有的天体，地球也是靠自身的集成引力场也才维持了地球周围一切如生物、海洋、大气层，甚至围绕着地球旋转的卫星月球等。附图 2 就是维持 8 大行星运行的很说明问题的集成引力场。而黑洞引力场它和集成引力场有相同的特征，如无论增加或减少质量，始终保持一个独立的球形引力场，引力场的大小和强度，随着质量增加而增加，随着质量减少而减少。天体引力场的这种性质与磁场相似，如将永久磁铁分割成几块，每一块都能保持独立的磁场。

黑洞的概念最早是由奥本海默在 1939 年研究中子星（一颗质量巨大而不断爆发能量的星团）时提出的，他认为一颗能量巨大的恒星（超过太阳质量 32 倍）可能会坍缩成一个奇点，这种坍缩导致其引力场的强度将变得十分强大，任何物质包括光线都不能逃逸出来，而在它的强引力下被吸进去再也不能逃脱，就是空间的一个无限深的“洞”，因为连光线也逃逸不出来，所以是个“黑洞”。

附图 13 黑洞

“黑洞”是一种不可见的球形引力场，在场中心有一个无形的点，即“黑洞奇点”。黑洞引力场的所有引力子都从这个点穿过。黑洞奇点的体积为0，每秒都有很多的引力子从奇点穿过，任何物体接近黑洞奇点都会被极强的引力子流击碎。如果黑洞质量足够大，引力子流密度足够高，就能随时将粒子破碎后的反引力子转化成引力子；如果吸入恒星物质超过黑洞能有效吸收的星，它们就会通过黑洞引力场轴即自转轴两端喷射出来，这些喷射出来的物质都是黑洞来不及转化成引力子的反引力子；黑洞的自转方向与其引力场拉曳外围可及物质的转动方向相同，它是一个纯引力天体，从恒星到黑洞的演化过程中，黑洞的引力可能最终战胜反引力场而使黑洞引力场愈来愈强，最终形成黑洞，附图 13 给出了一个黑洞示意图。所以说黑洞引力场是由恒星的集成引力场演化而来。在银河系中，银心黑洞已将球形的银河系内其他区域的绝大部分物体吞噬，只剩下吸积盘（银盘）上的一些恒星、行星等物质，由此可以推测银心黑洞的质量与银河系可见物质的量之比应该超过太阳系中太阳质量与九大行星质量之比。

天体引力场的球形漩涡非常大，在宇宙星系中，约 80% 是漩涡星系，15% 是椭圆星系，其余 5% 是不规则星系。椭圆星系的中心也有一个巨型黑洞，其所束缚的可见物质的范围也是椭球形的，它逐渐向漩涡星系发展。

麻烦的是黑洞极难探测到，因为它们不发射光或任何形式的辐射，所以用一般的方式看不到它们。

具有足够质量而有机会坍缩成黑洞的恒星大约只占 1/1000，而这 1/1000 的恒星中大多数在超新星爆发的过程中，会失去足够的质量，从而避免形成黑洞的命运，1970 年霍金发现黑洞中所含的能量有时会产生一对亚原子粒子，其中之一会逃离黑洞，这说明宇宙“黑洞”化并不是短时间的事（至少要 1000 亿年）。

如上所述黑洞会不断地喷射它来不及转化的反引力子，这种从星系中心黑洞引力场喷出的强大反引力子流，是致使宇宙加速膨胀的暗能量来源。由于这些反引力子来源于黑洞吸入的粒子级物质，当宇宙进入黑洞期（约 1000 亿年后），黑洞引力场可吸入粒子级物质逐渐减少，宇宙暗能量将逐渐消失。那个时候，引力远大于反引力，宇宙停止膨胀，在众多黑洞引力场的相互吸引下，它开始收缩，并最终融合成一个极大的宇宙黑洞，进而坍缩成“宇宙奇点”。请大家放心，按霍金的推断这一天到来至少要 1000 亿年以后，现在我们可以概括一下什么叫黑洞了：

黑洞，就是这样一种天体：它的引力场是如此之强，就连光也逃脱不出来。根据广义相对论，引力场将使时空弯曲，见附图11。当恒星的体积很大时，它的引力场对时空几乎可以朝任何方向沿直线射出。而恒星的半径越小，它对周围的时空弯曲作用就越小，朝某些角度发出的光就将沿弯曲空间返回恒星表面。等恒星的半径小到一特定值（天文学上叫“史瓦西半径”）时，就连垂直表面发射的光都被捕获了。到这时，恒星就变成了黑洞。事物总是不断发展和演化的，到宇宙形成一个奇点之时，也差不多就是它再次爆炸形成新的宇宙之日了，见附图14(a)和图14(b)。

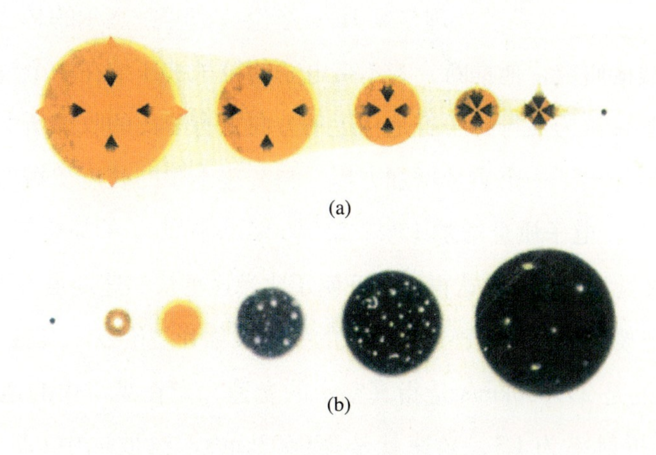

附图14 宇宙的坍缩和再爆炸合成图片

(a) 恒星坍塌缩成一个黑洞奇点； (b) 一个奇点膨胀成为宇宙

附录 4　绝对时空观的否定

附录 4.1　斐兹杰尔和洛伦兹的重大发现

1893 年斐兹杰尔 (Fitzgerald) 导出一个方程，证明一个以 11.26km/s(与现在宇宙速度差不多) 速度飞行的物体 (如一把尺子) 在飞行方向上的收缩比仅为 2/108，但继续增加高速如 150000km/s(该速度是光速的一半) 收缩量是 15%；259600km/s(光速的 7/8) 收缩量是 50%，若在速度为 299800km/s 即常通说的光速，为了简单常说 30 万 km/s，尺子在运动方向上为 0。不久荷兰物理学家 H.A. 洛伦兹把斐兹杰尔的想法推进了一步，根据当时对阴极射线的研究，他推断，若不带电子的粒子被压缩在一个较小的体积中，该粒子的质量将增加，认为飞行粒子若是在运动方向上有斐氏的收缩所引起的缩短，质量就会增加，于是他提出了一个质量增加方程，与斐兹杰尔的长度缩短方程极为类似，即速度 150000km/s 时，电子质量增加 15%，259600km/s 时电子的质量增加 100%，若为光速 (299800km/s) 质量为无穷大。这再一次证明了比光速更快的速度是不可能的，因为怎么可能有比无穷大还要大的质量呢，这两个人的发现被称为洛伦兹 - 斐兹杰尔方程。

需要说明的是 299800km/s 是指真空中的光速，光在媒质中的速度都应除以它的折射率，在水中折射率为 1.3，光速就是 230603km/s，在玻璃中 (折射率为 1.5) 光速为 199856km/s，钻石 (折射率为 2.5) 则光速只有 124910km/s。

附录 4.2 斐兹杰尔与洛伦兹方程的简单推导

1. 斐兹杰尔方程

爱尔兰物理学家斐兹杰尔提出，所有物体的长度会在自己的运动方向上缩短，缩短的量是 $\sqrt{1-v^2/c^2}$，因此：

$$L'=L\sqrt{1-v^2/c^2}$$

L' 是一个运动物体在它的运动方向上的长度，而 L 则是静止时的长度。

斐兹杰尔指出，缩短的量 $\sqrt{1-v^2/c^2}$ 正好抵消在迈克耳孙 - 莫雷实验中光速最大值和最小值的比 $\sqrt{1-v^2/c^2}$。因此比会成为 1，而光速则不论光源如何通过以太 (当时“以太”说颇为盛行，后来证明根本不存在什么以太)，对我们的测量工具和感官而言，各个方向都是相等的。

在正常状况下，缩短的量非常之少。即使一个物体的运动速度是光速的 1/10，或者说是 29980km/s，依照斐兹杰尔方程，也只会缩短一点点，把光速当做 1，这个方程告诉我们：

$$L' = L\sqrt{\left(1-\frac{0.1}{1}\right)^2}，L' = L\sqrt{1-0.1}，L' = L\sqrt{0.99}$$

因此 L' 变成大约 $0.995L$，缩短的量只有 0.5%。

对运动物体而言，像这样的速度只会发生在亚原子粒子的领域中。一架时速 3000km 的飞机，它的缩短量小到几乎可以不计，你自己可以算算看。

在什么样的速度下，一个物体会缩短为静止长度的一半呢？要使 L' 等于 L 的 1/2，斐兹杰尔方程变成：

$$L/2 = L\sqrt{1-v^2/c^2}$$

用 L 来除变为：

$$1/2 = L\sqrt{1-v^2/c^2}$$

把方程两边平方：

$$1/4 = 1 - v^2/c^2$$

$$v^2/c^2 = 3/4$$

$$v = \sqrt{\frac{3}{4}}\,c = 0.866c$$

因为在真空中光速是 299800km/s，所以要使物体缩短一半长度的速度是 299800km 的 0.886 倍，大约是 259600km。

如果一个物体以光速进行，那么 v 就是等于 c，方程就变成：

$$L' = L\sqrt{1-c^2/c^2} = L\sqrt{0} = 0$$

因此在光速时，在运动方向上的长度变成 0，所以没有任何速度可能超过光速。

2. 洛仑兹方程

在斐兹杰尔提出他的方程后不到 10 年，便发现了电子，科学家们开始研究这种微小的带电粒子的性质。H. A. 洛仑兹发展了一种理论，认为带一定电荷的粒子，其质量和它的半径成反比。换句话说，一个粒子的电荷聚焦在愈小的体积里，它的质量也就愈大。

现在，如果一个粒子因为它的运动而被缩短，它在运动方向上的半径将按照斐兹杰尔方程而减少。以符号 R（半径）和 R' 代替 L（长度）和 L'，我们可以写下方程；

$$R' = R\sqrt{1-v^2/c^2}，R'/R = \sqrt{1-v^2/c^2}$$

由于粒子的质量和它的半径成反比，因此：

$$\frac{R'}{R} = \frac{M}{M'}$$

M是粒子静止时的质量，而M'是运动时的质量。

以M/M'代替R'/R放入上面的方程里，我们得到：

$$\frac{M}{M'}=\sqrt{1-v^2/c^2}，\ M'=\frac{M}{\sqrt{1-v^2/c^2}}$$

洛仑兹方程可以和斐兹杰尔方程一样应用。例如，以1/10光速运动的粒子，则质量M'会比静止质量M高出0.5%。在259600km/s的速度时，粒子的质量会是静止质量的两倍。

最后，对一个运动速度等于光速c的粒子，洛仑兹方程变成：

$$M'=\frac{M}{\sqrt{1-c^2/c^2}}=\frac{M}{0}$$

当分数中的分子是一个定数而分母愈来愈小(趋近于0)时，分数的值会变得愈来愈大，而且没有极限。换句话说，从上面的方程看来，一个以趋近于光速运动的物体，它的质量会变得无穷大，再一次证明了光速是所能达到的最大速度。

这是使爱因斯坦决定要改写运动定律和引力定律的原因之一。

附录 4.3　爱因斯坦对绝对运动和绝对时空的否定

1. 不存在绝对时空

所谓绝对运动，也就是相对于静止物体的运动，但在宇宙间每一个物体都在运动，如地球、太阳乃至银河系也在运动，所以没有绝对静止也就没有绝对运动。

爱因斯坦否定绝对时空，其实是很朴实的，他说人类怎么了解宇宙呢，回答是只要选择一个参考(照)系，把它同宇宙的事件联系起来就行(好比说假设地球、太阳或者我们本身是静止的)，任何参考系都同样有效。我们可以选择最方便的一个，以太阳静止为参考系来计算星球的运行较以地球静止来作参考系要方便，但这并不表示这样做更准确，因此，时间与空间的测量只是相对于某一任意选择的参考系而言——这也是爱因斯坦的理论称为相对论的原因。

为了便于说明，假设我们在地球上要观察某奇怪的行星(权且称为x行星)，大小质量与地球相同，以262300km/s相对于地球的速度从我们面前呼啸而过，在冲过的瞬间若是能测量到它的大小，将发现它在运动方向上收缩了，它会是一个椭球而非圆球，同时再经测量，质量将为地球的2倍，但对x行星上的人来说似乎它自己的星球是静止的，地球却以262300km/s的速度从它面前冲过，地球会呈椭球形，并且质量是它所在的x行星的2倍。

宇宙万物之间不存在绝对，一切都是相对的。

2. 四维空间

爱因斯坦相对论提出运动中的时钟比静止时走得要慢，但在普通运动速率下，这种影响根本看不到，但如果高速运动就不同了，当速度达到光速时，时间就静止了，这个现象在现代宇航中有可能会较为准确地测出来。假如宇航员离开地球后加速到接近光速（现代技术水平很难达到），他们时间流逝的速度比我们的要慢得多。等他们回来时，对他们说可能是数周或数月的时间，而地球上的人们可能已好几个世纪了。

爱因斯坦的宇宙观把时间和空间紧密结合在一起，使得任一独立的概念都变得毫无意义，宇宙是四维的，时间是其中的一维（但性质与通常的空间的维长、宽、高不同）这种四维整合的时空观常称为四维空间。

四维空间也称“四度空间”、“四度时空”、“四维宇宙”、“时空连续区”等。由通常的三维空间和时间组成的总体。这一概念由德国数学家闵可夫斯基提出，因此又称“闵可夫斯基时空”。要确定任何物理事件，必须同时使用空间的三个坐标和时间的一个坐标，这四个坐标组成的“超空间”就是“四维空间”。

附录 5　原子、原子核、核裂变、核聚变、核电站

附录 5.1　原子及原子核

原子概念的演化。

“原子”成为哲学家们所关心的最神秘的东西已有 2000 年之久。在古希腊哲学家德谟克里特眼里，原子是构成事物而又自身不变的物质元素或微粒；在英国物理学家卢瑟福看来，电子绕着原子转动；而奥地利物理学家薛定谔则在爱因斯坦关于单原子理想气体的量子理论和德布罗意的物质波假说的启发下，从经典力学和几何光学间的类比，提出了对应于波动光学的波动力学方程，奠定了波动力学的基础。附图 15 给出了原子论的演化过程，从左至右，按编号：1 是希腊哲学家德谟克里特的颗粒状原子；2 是卢瑟夫的电子绕核公转模型；3 是薛定谔的量子力学模型。

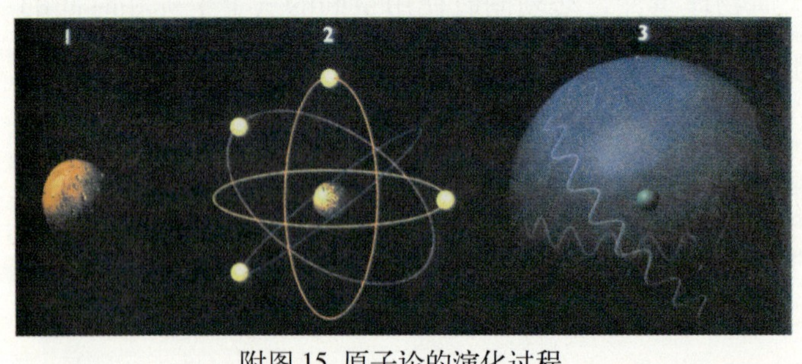

附图 15 原子论的演化过程

世界上的物质都是很细小的原子组成，而每粒原子都有一个被电子包围着的原子核，细小的原子核内含不带电荷的中子及带正电荷的质子而带负电荷的电子则沿轨道环绕原子核运行，情况就好像行星绕太阳运行一样，附图 16 给出一个原子结构认识上发展的示意图。

原子中心的原子核由质子和中子组成，它们构成了原子的质量数。附图 17 给出了碳原子的原子核，就可以看出原子核是由质子、中子所组成，且质子和中子数量的总和构成原子的质量数，碳原子核是由 6 个质子和 6 个中子组成的所以其质量为 12。

附录 5.2　核裂变

1932 年，查德威克发现中子（中子是无电荷的），人们开始用中子轰击各种原子核，每次轰击都可使一个原子核转变为下一个高原子序数的原子，如铝－27 吸收一个中子会变成铝－28。费米最早用中子轰击铀，继而众多的物理学家努力下，发现轰击可以使 1 个中子裂变 1 个铀原子核并同时释放出 2 个中子，然后这两个中子又继续去轰击别的铀

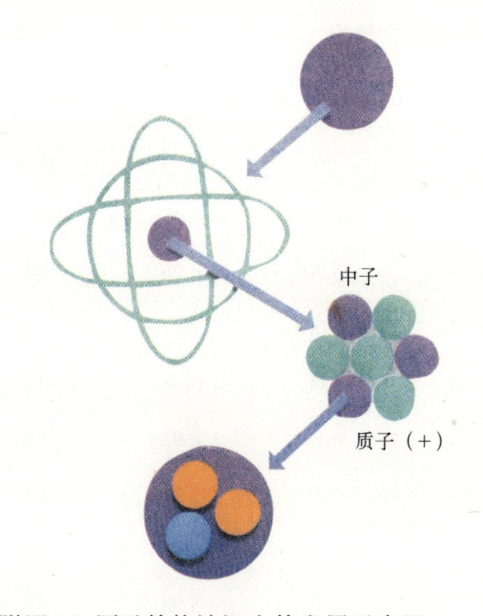

附图16 原子结构认识上的发展示意图

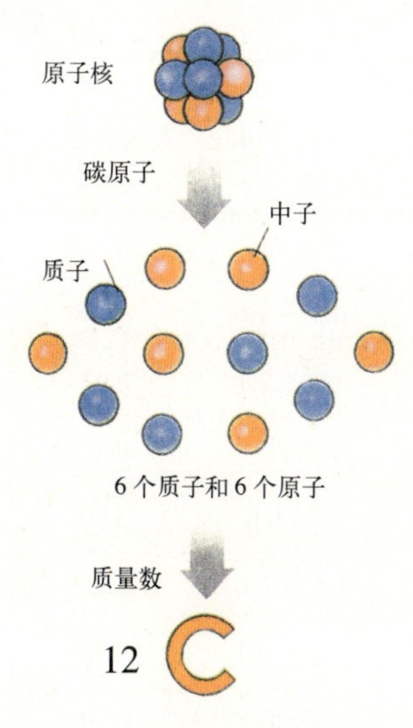

附图17 碳原子的原子核

原子，又引起裂变反应，释放出4个中子，这4个中子又造成4个裂变反应。第一个原子裂变产生能量200M · eV，下一步产生400M，再下一步800M，依次类推可以释放巨大的能量。由于这种连续过程极快，大约只要五十兆分之一秒可以完成，初步计算1盎司(28.35g)的铀裂变产生相当于燃烧90t煤的能量或相当于600tTNT炸药的爆炸威力，就在二次大战爆发的1939年哥伦比亚大学的费米教授就已在美国开展了这项持续裂变的研究工作。

在别人的劝说下，请爱因斯坦给罗斯福总统写信说明铀裂变的巨大潜力，此信写于1939年8月2日同年10月11日才呈给总统，当时罗斯福并未表态。1941年12月日本偷袭珍珠港，美国正式参战，1941年12月6日罗斯福正式授权进行这项计划，美国陆军部于1942年6月开始实施名为“曼哈顿计划”的利用核裂变反应来研制原子弹的工作，附图18是当年设在美国新墨西哥州洛斯阿拉莫斯的农场学校中的基地的一侧，该工程耗资20亿美元，历时3年于1945年7月16日成功地试爆了世界上第一颗核弹，继而制造了两颗后来用于日本的实用的原子弹。

附图18 “曼哈顿计划”基地

1945年8月6日晨8时15分向日本的广岛投下了一颗代号为“小男孩”的铀弹，当量相当于12500t TNT，爆

广岛和长崎在核弹爆炸后居民伤亡情况　　附表 3

	距离 /mile	人口 / 万人	人口密度 / (万人 mile^2)	伤亡人数 / 万人			占人口的百分比 / (%)
				亡	伤	合计	
广岛	0 ~ 0.6	3.12	2.58	2.67	0.30	2.97	95
	0.6 ~ 1.6	14.48	2.27	3.96	5.30	9.26	64
	1.6 ~ 3.1	8.03	0.35	0.17	2.00	2.17	27
	合计	25.63	0.85	6.80	7.60	14.40	56
长崎	0 ~ 0.6	3.09	2.55	2.73	0.19	2.92	94
	0.6 ~ 0.6	2.77	0.44	0.95	0.81	1.76	64
	1.6 ~ 3.1	11.52	0.51	0.13	1.10	1.23	11
	合计	17.58	0.58	3.80	2.10	5.90	34

注：1mile=1.61km；1mile^2=2.59km^2。

心离地高度 570m，爆炸的冲击波摧毁了 90% 的建筑，城市过火 6 小时之久；日本军国主义者仍然拒不投降，美国于 1945 年 8 月 9 日上午 11 时 30 分又向日本的长崎投下了一颗代号为“胖子”的钚弹，当量相当于 22000t TNT，爆心离地面高度 500m，由于长崎地形陡峭，山谷较多，对冲击波起了一定的遮挡作用，摧毁建筑物较广岛为少，约为 28.3%。表 3 给出了广岛、长崎在核弹爆炸后居民伤亡的情况，该表是 1956 年发表的资料，距爆炸已 11 年之久，所以伤亡情况应比较详实。

继 1945 年 8 月广岛、长崎原子弹第一次爆炸之后：

1949 年 9 月 22 日，苏联引爆了自己制造的原子弹，威力相当于 21 万 t TNT 炸药。

1952 年 10 月 3 日，英国引爆了自己的核弹。

1960 年 2 月 13 日，法国在撒哈拉大沙漠引爆了一个钚弹。

1964 年 10 月 16 日，中国引爆了一个核弹。

1974 年 5 月，印度也引爆了一颗核弹。

一个多达 6 国的核俱乐部就这样无组织的形成了。二战后以核讹诈为核心的美苏两个超级大国形成的冷战时代愈演愈烈，直至 1991 年前苏联解体才算有所缓和。

附图 19 是原子弹爆炸时能量释放的巨大以及形成的蘑菇云。

附图 19 原子弹爆炸

附录 5.3 核聚变

铀裂变时，铀原子的质量中只有 0.1% 转化为能量，但当氢原子聚合形成氦时足有 0.5% 的质量变成能量，这种聚变只有在高温下可能发生，故命名为热核反应，然而这种高温只有在于恒星的中心才存在，在现实生活中是难以实现的，但铀裂变的原子弹却可以在地球上提供这种高温，它热得足以点燃氢聚变的链式反应，于是一场以氢聚变为目的制造热核弹的竞争在冷战期间开始了，1954 年 3 月 1 日，美国在马绍尔群岛的比基尼试爆成功，其能量约为 1500 万 tTNT，产生的放射性粒子雨落在日本的一艘名为幸运龙的渔船上，造成 20 名渔夫罹病，不久一人不治死亡。自此以后热核弹成为美苏及英国军备竞赛中的热门，苏联曾引爆过 0.5 ～ 1t 的氢弹，中国于 1967 年也引爆了一颗氢弹，人们公认热核弹破坏效果较小而辐射最大，也就是人的死亡远小于对物质财富的破坏，有人说这是那些想不用动手杀人而可以掠夺财富的战争魔鬼们所期望的。

附录 5.4　核电站——核的和平利用

原子核的和平利用最主要的工作是控制它的裂变反应速度，如果能找到良好的慢化剂，则是有效的方法之一，不久人们可以用于慢化的材料有纯石墨状态下的碳，以及重水等，所谓重水，其获得方法之一就是蒸馏法，水被蒸发后最后剩余的一小部分水便富含重水。附表 4 是重水和普通水的沸点和冰点的差异。

普通水和重水的沸点和冰点　　附表 4

	沸点 /(℃)	冰点 /(℃)
普通水	100	0
重 水	101.42	3.79

但重水很贵，要有许多普通水在大量热能下蒸发才能获得极有限的重水，无法获得工业应用。在科学家的努力下控制裂变反应的办法愈来愈多，附图 20 提供了一个气冷式核电站示意图，利用特殊材料 (如镉) 所做的控制棒来人为地控制铀棒的裂式反应，反应堆中热气输入热交换器产生推动涡轮机的蒸汽而发电。请读者注意，除了堆芯的能源不同，由煤或油换成了核之外，其余发电部位与普通的发电机毫无二致，而且推动涡轮机旋转发电的仍然是一个力学效应。

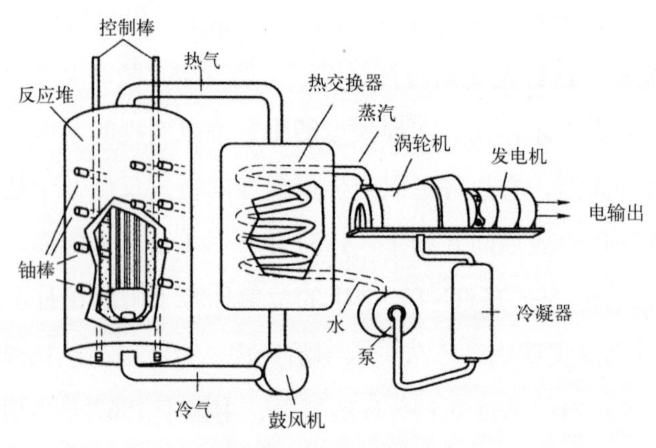

附图 20 气冷式核电站

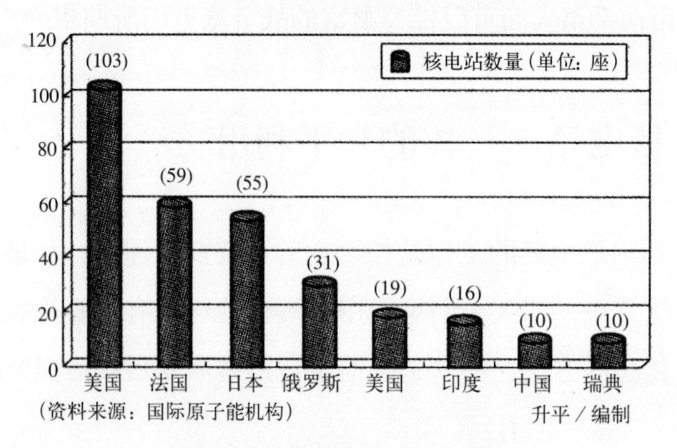

附图 21 部分国家核电站数量

世界上第一座用于发电的反应堆于 1954 年 6 月在苏联首先启用，总容量不超过 5000kW 的小型核电厂，1956 年 10 月英国的卡德侯核电厂开始运转容量 5 万 kW，美国是世界上第三个拥有核电厂的国家，此后世界范围开启了一个原子发电的新时代。

现代常提及的新能源最有前景的是核能，铀全球储量丰富，无大气污染，目前全球核电站总数已达 400 多座，附图 21 给出了国际原子能机构于 20 世纪末叶统计的主要国家的核电站数量。

我国 1987 年引进（法国）大亚湾核电开工建设，工期 7 年已并网发电。现已建与在建的达 10 座以上，且多已国产化，规划 2020 年达到装机容量 8600 万 kW，年发电 2600 ~ 2800 亿 kW · h。

参考文献

[1] [美]爱因斯坦著.相对论.易洪,李智谋编译,重庆出版集团重庆出版社,2009.

[2] 《爱因斯坦文集》第一、二、三卷.商务印书馆,1976.

[3] [美]J.阿西莫夫著.最新科学指南.科学普及出版社,1991.

[4] 朱炳海等编.气象学词典.上海辞书出版社,1985.

[5] 范德清.现代科学与思维方式.吉林教育出版社,1989.

[6] 范德清,魏宏森.现代科学技术史.清华大学出版社,1988.

[7] 武际可.谈科学"十三经".《力学动态》文摘第6卷,2009.

[8] 中国力学会编著.中国力学学会史.上海交通大学出版社,2008.

[9] 崔京浩.骨骼生物力学.第五届全国结构工程学术会议论文集,清华大学出版社,工程力学杂志社,1986.

[10] 崔京浩.提高学术交流水平以适应近代科技的飞速发展(大会特邀报告).第九届全国结构工程学术会议论文集,工程力学杂志社,2005.

[11] 崔京浩.伟大的土木工程.中国水利水电出版社,知识产权出版社,2006.

[12] 崔京浩.地下工程与城市防灾.中国水利水电出版社,知识产权出版社,2007.

[13] 崔京浩.土木工程在国民经济中地位和作用.土木工程学科前沿,清华大学出版社,2006.

[14] 崔京浩.土木工程导论.清华大学出版社,2011.4.

[15] 崔京浩.开发地下空间的重要性和迫切性//土木工程学科前沿.北京:清华大学出版社,2006.

[16] 崔京浩.地下水封油库围岩应力有限单元分析.清华大学学报:论文单行本,1975.

[17] 崔京浩,王作垣.关于水封油库设计中的几个问题.地下工程,1981.

[18] 崔京浩,王作垣.地下洞库渗流量的计算.地下工程,1982.

[19] Cui Jinghao. A kind of nonlinear finite element analysis can be adapted to underground power plans in unlined cavern// Proceeding of the International Conference on Hydropower. 1987.

[20] 崔京浩.地下贮库工程力学问题及结构措施(大会特邀报告)// 第二届全国结构工程学术会议(长沙)论文集.北京:清华大学出版社,1993.

[21] 崔京浩.地下结构设计计算方法的发展与展望.结构工程学报,1991(专刊).

[22] 崔京浩,石绍春.某地铁车站洞室三维应力分析.结构工程学报,1991(专刊).

[23] 崔京浩，龙驭球，王作垣．地下水封油气库——西气东送的最佳贮库．力学与实践，2002.

[24] 崔京浩，马英明，陈肇元．全面分析地铁车站外水压力 // 中国土木工程学会地下铁道专业委员会第十一届学术交流会（广州）论文集．1996.

[25] 崔京浩，崔岩，陈肇元．地下结构外水压力综述（大会特邀报告）// 第七届全国结构工程学术会议（石家庄）论文集．工程力学，1998.

[26] 崔京浩，崔岩，陈肇元．地下结构抗浮（大会特邀报告）// 第八届全国结构工程学术会议（昆明）论文集．北京：清华大学出版社，工程力学期刊社，1999.

[27] 崔京浩，龙驭球，叶宏，熊志坤．燃气爆炸—— 一个不容忽视的城市灾害（大会特邀报告）// 第六届全国结构工程学术会议论文集．1997.

[28] 国家发展计划委员会，水利部．南水北调工程总体规划．2002.

[29] 李建林，周济芳，邓华峰．三峡工程中几个重大的结构问题研究 // 第十二届全国结构工程学术会议论文集．2003.

[30] 张永兴，文海家．三峡库区地质灾害及防治综述 // 第十二届全国结构工程学术会议论文集．2003.

[31] 金学松等．世界铁路发展状况及其关键力学问题 // 第十三届全国结构工程学术会议论文集．2004.

[32] 梁波，陈兴冲．青藏铁路的重要意义、技术难点及力学问题 // 第十三届全国结构工程学术会议论文集．2004.

[33] 王忠静，王学风．南水北调工程重大意义及技术关键 // 第十三届全国结构工程学术会议论文集．2004.

[34] 李华军，杨和振．海洋平台结构参数识别和损伤诊断技术的研究进展 // 第十三届全国结构工程学术会议论文集．2004.

[35] 同济大学土木工程防灾国家重点实验室主编．汶川地震震害．上海：同济大学出版社，2008.

[36] 陈健．超大直径泥水盾构隧道综合施工技术控制．都市快轨交通，2008(6).

[37] 钱家茹．现代高层建筑 // 土木工程科学前沿．北京：清华大学出版社，2006.

[38] 黄万里．水经论丛 · 治水原理 // 水利水电工程科学前沿．北京：清华大学出版社，2003.

[39] 费祥俊．河流水资源开发利用中的环境与泥沙问题 // 水利水电工程科学前沿．北京：清华大学出版社，2003.

注：除上述参考文献外，部分资料引自近年的人民日报。作者认为人民日报具有较高的可信度和真实性。